绝不拖延

战胜焦虑、懒惰与混乱的心理学

倪显伟 著

中国纺织出版社有限公司

内 容 提 要

　　脑科学与动物实验的研究表明，人类的拖延天性是根深蒂固的，甚至已经写入人类的基因密码。在人类进化所处的环境中，人们渴了就要喝水，饿了就要进食，有动力就要劳作。进入纷繁的现代社会，再用这种即时反应思维去处理长远的问题和机会，拖延就成了必然会产生的副产品。毕竟，人类倾向于冲动而非理智，有趋乐避苦、渴望及时享乐的天性。

　　无论是与生俱来，还是后天影响，我们都不能对拖延听之任之，被它诱发的焦虑情绪、懒散低效、无序混乱所裹挟。本书从剖析拖延现象入手，揭示出拖延的深层原因，结合心理学、脑科学、专注力、清单思维、习惯养成等多个领域的内容，阐述了解决拖延问题的思路和有效可行的方法。

图书在版编目（CIP）数据

　　绝不拖延：战胜焦虑、懒惰与混乱的心理学／倪显伟著.--北京：中国纺织出版社有限公司，2023.7
　　ISBN 978-7-5229-0586-0

　　Ⅰ．①绝… Ⅱ．①倪… Ⅲ．①成功心理—通俗读物 Ⅳ．①B848.4-49

　　中国国家版本馆CIP数据核字（2023）第084555号

责任编辑：郝珊珊　　责任校对：高　涵　　责任印制：储志伟

中国纺织出版社有限公司出版发行
地址：北京市朝阳区百子湾东里A407号楼　邮政编码：100124
销售电话：010—67004422　传真：010—87155801
http://www.c-textilep.com
中国纺织出版社天猫旗舰店
官方微博 http://weibo.com/2119887771
天津千鹤文化传播有限公司印刷　各地新华书店经销
2023年7月第1版第1次印刷
开本：880×1230　1/32　印张：7
字数：170千字　定价：59.80元

凡购本书，如有缺页、倒页、脱页，由本社图书营销中心调换

序 言

塞缪尔·约翰逊（Samuel Johnson）说过："我们一直推迟我们知道最终无法逃避的事情，这样的蠢行是一个普遍的人性弱点，它或多或少都盘踞在每个人的心灵之中。"

有人针对拖延问题进行了调查，结果显示：大概70%的大学生存在不同程度的拖延行为，其中有超过50%的人自称拖延行为已经习惯化；有25%的成年人有着慢性拖延问题。在这些调查对象中，有95%的人希望有办法减轻他们的拖延恶习。

拖延存在于生活的不同领域，几乎每个人都会在某些时刻与拖延不期而遇。拖延最折磨人的地方在于，它是一种非理性推迟的行为，即明知道拖下去会让结果变得糟糕，却还是主观地选择推迟，且清楚地知道自己正与好的结果渐行渐远。这个过程中产生的负罪感、焦灼感，会消磨人的心智，让人备感煎熬，陷入恶性循环。

拖延是一种复杂的心理问题，每一个拖延者都有其深层次的心理原因，每一次拖延都可能与前一次的症结不一样。如果把拖延的问题全部归咎于懒，就无法透过拖延看到它背后隐藏的心理意义，抓不住实质，自然也就解决不了问题。

有人把拖延比喻成根系发达的沙漠植物，看起来微不足道,但内心世界的根系却是相当发达的。我们需要借助心理学这把利器,找出盘踞在内心深处诱发拖延的错误信念,认识大脑的惰性本能和及时享乐的倾向,以科学的方法冲破行动的阻碍、提升做事的效能。

减少拖延的发生,并不是一朝一夕之事,且无法确保掌握了正确的思维方式和方法,就可以一劳永逸。相比"彻底终结拖延",我们需要调整一下期望值,想要拖延不影响正常的工作和生活,那么做到60~70分就可以了。

古希腊神话中,伊卡洛斯和父亲被困在克里特岛上,父子俩用蜡和羽毛制造出了一刈翅膀,准备飞越大海。最初,一切都进展很顺利,但伊卡洛斯越飞越快,越飞越高,竟然操纵着羽翼朝太阳飞去。结果,强烈的阳光熔化了蜂蜡,羽毛开始解体,伊卡洛斯坠入大海。

如果伊卡洛斯一直采用"低空飞行"的策略,反而可以抵达目的地,但他忘记自己的目标是飞越大海,而不是在海面上飞得更高。分享这个故事,也是想传达一个观点:战胜拖延是为了更好地生活,但生活却不只是为了战胜拖延。无论是培养好习惯,还是改掉坏习惯,我们都不要忘了自己的初衷——拥有充实快乐的人生。

心理测试

你拖延到什么程度了?

我们先来做一个和拖延有关的小测试,你需要如实作答,选择"Y"得1分,选"N"不得分,用笔记录下来,看看你是否患了拖延症,你的拖延症有多严重。

01 每天上班时总忍不住在网上乱逛,临近下班才开始工作
Y(1分)　　N(0分)

02 从来没有为工作列过计划,也不了解时间管理
Y(1分)　　N(0分)

03 总是先做最容易但最不重要的事,越重要的事拖得越久
Y(1分)　　N(0分)

04 白天可以完成的事,经常拖到晚上加班来做
Y(1分)　　N(0分)

05 很难立刻投入行动,总想等到有灵感的"最佳时刻"再去做
Y(1分)　　N(0分)

06 平日里懒懒散散,很多事情都想着等会儿再做、明天再说
Y(1分)　　N(0分)

07 做事时脑子里频繁冒出其他想法,想先去干点别的,稍后再开始
Y(1分)　　N(0分)

08 总渴望万事俱备、有绝对把握时,再去做一件事情
Y(1分)　　N(0分)

09　每次老板或同事问及工作进展时，总是说"就快好了，再给我点时间"
　　Y（1分）　N（0分）

10　越计划越复杂，最后干脆取消计划或无限期推迟计划
　　Y（1分）　N（0分）

11　经常由于时间紧迫，草草交差，结果被同事和老板责怪
　　Y（1分）　N（0分）

12　办公室里经常放置零食，时不时地边吃边工作
　　Y（1分）　N（0分）

13　不管别人怎么催促，内心都不慌不忙，对拖延和低效习以为常
　　Y（1分）　N（0分）

14　从来不会主动向领导汇报自己的工作情况
　　Y（1分）　N（0分）

15　团队合作时，总是被孤立，没人愿意与自己搭档
　　Y（1分）　N（0分）

结果分析

0~4分　轻度拖延

偶尔出现拖延情况时，不要忽视不理，要及时进行觉察和反思，探寻拖延的原因，究竟是主观因素所致，还是外部环境所致。尤其是反复在同一个问题上拖延，你更需要留意内在的信念是否存在偏差。从根源入手，不仅可以快速解决问题，还可以减少拖延的发生。

5~11 分　中度拖延

拖延可能已经成为你的一种习惯了，改变它要花费一些时间和精力。这需要你有极大的耐心，在探寻拖延根源的同时，要积极地学习应对拖延的有效方法。

12~15 分　重度拖延

你要重新审视一下自我，特别是对职业方面进行重新规划和定位，看看是否需要找寻一份自己感兴趣且符合自身优势的工作。仅掌握应对拖延的方法和技能，很难从根本上提升你的行动意愿，你要花点时间向内探寻一下，找到深层的价值感，这是精力和动力的源泉。

拖延症是一种不得不治的可怕顽疾，它会给你带来不少麻烦，你需要了解它是怎么产生的，以及如何去对抗这个可恶的家伙。当然，它也会告诉你，如果没有拖延症，生活将是多么美好。

目 录

✓ Part 1 | 恼人的怪圈 | 什么都"想做",什么都不想"做"

躲不开的拖延怪圈　　　　　　－ 002

推迟＝拖延？不是这样的　　　－ 007

聪明的大脑本性是懒惰的　　　－ 010

情绪脑 VS 理性脑　　　　　　－ 013

稍后思维是一个超级骗子　　　－ 016

高估"将来的我"代价很大　　 － 019

应对拖延的三种无效做法　　　－ 023

✓ Part 2 | 走样的信条 | 是谁把你推向了拖延的怪圈

透过拖延,照见潜意识里的信条　　　－ 030

完美主义:表现＝能力＝自我价值　　－ 034

抗拒成长:成功＝对自己构成威胁　　－ 038

决策瘫痪:不选择＝不必承担责任　　－ 042

自我设限:尝试与努力＝白费力气　　－ 047

被动攻击:拖着不做＝捍卫自我边界　－ 050

> 绝不拖延
> 战胜焦虑、懒惰与混乱的心理学

☑ Part 3 │ 享乐的诱惑 │ 驯服脑中那只及时行乐的猴子

当心大脑中那只"及时行乐猴" — 056

所有拖延者的"阿喀琉斯之踵" — 060

为什么当前的诱惑难以抗拒 — 062

改变外部的环境,移除诱惑源 — 066

把任务拆到"忍不住动手"为止 — 069

用好奖惩机制,更容易驯服猴子 — 073

把截止日期提前,让猴子心存忌惮 — 076

☑ Part 4 │ 行动的发条 │ 培养 WOOP 思维,冲破行动的阻碍

为什么过分乐观会阻碍行动 — 080

WOOP 思维 = 心理比对 + 执行意图 — 083

把内心的愿望,转化成具体的目标 — 087

跨越"想做"与"做"之间的鸿沟 — 092

给任务添加背景,设计行为提示 — 097

从简单到不可能失败的小事开始 — 101

准备工作太烦琐,会降低行动欲望 — 104

5 分钟 or 5 秒钟,打破停滞的状态 — 107

Part 5 | 清单的运用 减轻大脑的负担，提高行动的效能

学会用清单，告别混乱无序的状态 — 116

为什么清单可以提高执行力 — 121

待办事项清单≠简单地罗列任务 — 125

太长的待办清单容易耗尽认知资源 — 129

清单是指示工具，不是执行的主体 — 133

沉迷于打"√"容易降低执行效果 — 138

制订好的清单，不能肆无忌惮地修改 — 142

以全局目标为主，以清单步骤为辅 — 146

Part 6 | 精要的思维 选择是一种能力，聚焦最重要的事

无意义的多数和有意义的少数 — 152

在有限的时间里，聚焦最重要的事 — 156

力所不能及的事情，劝你趁早放弃 — 160

只做值得做的事，创造更大的价值 — 164

做好正确的事，胜过做更多的事 — 168

不要把别人的问题，变成你的问题 — 171

保护身心资产，睡觉不是浪费时间 — 175

忽略沉没成本，及时止损就是赢 — 180

建立外在的秩序，拥有内在的自由 — 184

☑ Part 7 | 深度的专注 | 减少对分心事物的关注与沉迷

保持工作重心，对抗琐碎的干扰　　－ 190

感受身体的状态，用好精力峰值时刻　　－ 194

提升专注力，胜过延长工作的时间　　－ 197

不停地切换任务，会浪费时间和精力　　－ 200

超简单的番茄工作法，你用对了吗　　－ 204

就算手机放进口袋，也会剥夺注意力　　－ 209

Part 1

恼人的怪圈

什么都"想做",什么都不想"做"

躲不开的拖延怪圈

◎ 拖延

> 拖延的英文是"procrastinate",由两个拉丁词合成,其中pro的意思是"往后",而crastinate的意思是"属于明天",合起来的意思就是"把现在的事情推迟到明天",含有"以后再做"的意思。

 塞缪尔·约翰逊说:"我们一直推迟我们知道最终无法逃避的事情,这样的蠢行是一个普遍的人性弱点,它或多或少都盘踞在每个人的心灵之中。"

Cindy刚结束了一个项目方案,还没顾得上喘口气,又被安排了新任务。领导给了三天期限,让她制作一份活动策划书。Cindy看过要求后,觉得难度并不算太大,按部就班地去做,时间是足够的。

按照预想,Cindy在了解任务要求之后,就该投入行动了。然而，她只是在意念上想要去做这件事，但实际上她什么也没有做，整个人都沉浸在一种懒散的、悠闲的状态中，好像胸有成竹、万事不愁。

到了第二天中午，Cindy内心的焦虑感开始激增，并产生了内疚和惭愧之感。不过，想到还有两天的时间，又给她带去了些许安慰。她慢悠悠地查询着资料，一晃就到了下班时间。就这样到了最后一天的晚上，无心吃晚饭的Cindy感觉有点绝望，她一开始设想的计划完全泡汤，她不确定自己是否真的可以完成任务，巨大的恐惧感裹挟着她。

此刻，Cindy是真的着急了。她立刻打开电脑，开始跟时间赛跑，她没有分心走神的余地，也没有翻看手机的欲望，满脑子想的都是活动的内容，只是偶尔会闪现出一些念头和画面："要不要跟老板请假，说自己生病了？""老板看完这份活动策划，会不会脸色很难看"……但她很快又把注意力拉回到工作中。

不知不觉，天已经蒙蒙亮了。经过一个通宵的赶工，Cindy总算可以交差了。她简单地眯了一会儿，就起身去公司了。路上，Cindy虽然有些困倦，但内心踏实了许多。回想起前一天的焦虑状态，她暗暗发誓："下次一定早点开始，绝不拖延！"

此时此刻，Cindy的决心是真的，意志也很坚定。然而，过往的事实反复印证，当下一个任务降临时，她多半还是会重蹈覆辙，一次又一次地陷入这个怪圈。

 拖延者在开始一项新任务时，往往很想早点儿开始，并想努力将其做好。但在执行的过程中，却受到一连串思绪、情感和行为波动的影响，并呈现出共性。心理学家简·博克将这种模式称为"拖延怪圈"。

拖延怪圈，究竟是什么样的模式呢？按照简·博克的观点，拖延怪圈包含七个环节，接下来你可以结合自己过往的拖延经历，检验一下是不是这样。

·环节1——"这次我要早点儿投入行动，绝不拖延！"

接到任务之初，拖延者信心满满、斗志昂扬，认为这一次可以有条不紊地将它完成。虽然感觉到自己不能或不愿立刻着手去做，但还是相信，不需要做特别的安排，就可以自然而然地启动，只有过去一段时间，发现事情并没有预想得那么顺利时，希望才会变成担忧。

·环节2——"我得赶紧开始做了！"

早点儿开始的时机已过去，这次想要好好做的幻想也已破灭，焦虑感开始涌现，压力也开始激增。不再盼望自己会自然而然地投入行动，而是感觉需要立刻开始了。只不过，距离最后期限还有些时间，内心依然对顺利完成任务抱有一丝希望。

·环节3——"如果不做会怎么样？"

时间飞逝，行动仍未开始，想到自己可能永远都不会去做这件事，脑中涌现出各种糟糕的后果，还有负面想法。在这一阶段，拖延者会责备自己浪费时间，通过做其他事情安慰自己，减少负罪感，还可能会用即时娱乐的方式分散注意力。遗憾的是，所有的这一切，都无法将任务尚未完成的阴影驱散，内疚、焦虑和厌烦总会间歇性地袭来。

为了减少负罪感，拖延者会制造出一种"假勤奋"的状态，创造出一种任务陆续取得进展的假象，或者是编造谎言去掩饰现状，如"身体不适请假两天"，避开办公室与同事的问候消息，以免暴露真相。

·环节4——"还有一点儿时间呢！"

被内疚与负罪感深深包围，但依然抱着还有时间完成任务的希望。虽然感觉压力山大，可依旧试图保持乐观，期冀着奇迹可以出现。

·环节5——"唉，都是我的错！"

绝望来临，早点开始做事的计划彻底泡汤，内疚、惭愧、焦虑于事无补，奇迹也没有出现。此刻，担心任务能否完成的焦虑逐渐发展成恐惧，拖延者开始埋怨自己没有自控力，认为自己不如他人。

·环节6——"到底还做不做？"

到了这一环节，莎士比亚的戏剧《哈姆雷特》中的经典台词就要上线了——"To be or not to be, that is the question"，到底是做还是不做？

第一个选择——"压力不堪忍受，剩余任务太多，做不完了，放弃吧！"

第二个选择——"全力以赴地拼一把！跟时间赛跑，全身心投入，不求做得多好，只求顺利完成。"做的过程中，感觉事情好像也没那么糟糕，甚至懊悔没有早一点儿开始做。终于，在最后期限来临前，把任务搞定了。

·环节7——"我再也会不拖延了！"

无论那项任务是被放弃还是被完成了，拖延者都会感觉如释重负、精疲力竭，整个过程不堪回首，也不想再经历。于是，拖延者会下定决心，今后绝不拖延。然而，这样的宣誓大都只代表此次的拖延怪圈被画上了句点，不代表彻底告别了拖延。

下一个拖延怪圈何时出现？也许会间隔一段时间，也许明天就降临。也许是在工作领域,也许是在其他方面,拖延者又会从一个自信满满的状态开始,一步步地沦陷到拖延怪圈之中。

推迟 = 拖延?不是这样的

◎ 非理性的推迟行为

> 拖延包含着推迟的成分,但不是所有的推迟行为都叫拖延。拖延,特指非理性的推迟行为,即明知道拖下去会让结果变得糟糕,却还是主观地选择推迟,且清楚地知道自己正与好的结果渐行渐远。

周一早晨,思思接到一家企业的约稿,完稿期限是一周。经过一番详细的讨论,对方把相关资料发给了思思作为参考。按照思思内心所想的计划,审阅资料至少要用2天时间,构思框架和初稿至少也得用2天时间,所以时间并不是很宽裕。这也意味着,她接下来的一周需要全身心投入稿件之中,不能安排其他活动。

就在前一晚,思思刚跟朋友约好,周三下午去爬山。于是,她赶紧给朋友打电话,把情况说明,将爬山的事宜推迟到下周。表面看起来，思思已经把写稿之事放在第一位，且做好了充分的准备和计划，就差行动了。但实际上，连她自己也没想到，接下来自己会掉进拖延怪圈。

在构思好所有的计划之后，思思没有去翻阅资料，而是鬼使神差地打开了视频软件，刷一部尚未看完的剧，安慰自己说："看完了就不惦记了，可以更专心地工作。"接下来的两天，她又用其他借口顺利地说服了自己，把时间用在其他事情上，就是不去写稿。

到了周五那天，思思进入了拖延的第6个环节——"到底还做不做？"通常来说，约好的稿件是不能轻易推掉的，尤其是这种企业定制的内容，会直接影响到对方的既定计划。所以，思思的选择只有"背水一战"！

后续的两天，思思简直是开启了疯狂工作的模式，用水深火热的煎熬来形容一点儿也不为过。终于，在周日晚上9点钟，她顺利关闭了稿件的文档，开始弥补这两天巨大的精力损耗。睡觉之前，像所有的拖延者一样，她感叹了一句："我再也不想经历这一遭了！"

从字面上来看，拖延就是把之前的事情推迟到明天或以后，但其实际意义远比字面意思复杂。以思思的情况为例，她在接到约稿之后，做出了两个推迟的行为：一是推迟和朋友爬山的计划，二是推迟开始写稿的时间。可是，你会认为推迟爬山计划是拖延吗？再看下面的这些情景，同样也跟推迟有关，你会认为它们是拖延吗？

○ 下午2点，公司举办团建活动，你估算着时间，临近开始才入场。

○ 家里出了急事，你暂时抛开一切，把所有的事务都推迟了。

○ 飞机11点钟起飞，你没有提前2小时就抵达机场。

○ 临近下班时来了紧急任务，你推迟了健身的计划。

很显然，上述的这些推迟行为，与拖延没有任何关系。

没有早早地出现在团建会场，并不会造成糟糕的结果，只要按时出席就行了；发生了紧急事件，推迟其他事务，是为了避免付出更大的代价；乘坐飞机，只要不耽误托运、安检，没有必要非得在飞机起飞前2小时就抵达机场；紧急又重要的事情，通常是不能耽搁的，放在第一位来处理是恰当的选择。

看到这里，有一个问题值得我们思考：是推迟行为本身造成了拖延吗？

 虽然推迟某一行为也是拖延的特征之一，但是，拖延的重点在于"非理性"，人们明知推迟这项活动毫无益处，却还是不由自主地推迟了。所以，

> 不是推迟行为本身造成了拖延，而是我们的选择造成了拖延。

聪明的大脑本性是懒惰的

◎ 蜥蜴脑法则

> 每个人的大脑中都存在一个内在"蜥蜴"，游离于无意识思维系统，总是倾向于得到快乐，避免痛苦。如果目标过难过高，内在"蜥蜴"便会认为目标完成起来太过痛苦，更倾向于回避或放弃。

近三个月以来，John几乎每天都是中午12点以后才起床。他不是真的困倦，通常八九点钟就已经醒了，可就是没有勇气离开床铺，赖在被窝里刷手机、打游戏、发呆。

John的身心是正常的，没有抑郁倾向，也不属于完全的懒惰者。尽管每天都是中午才起床，但他也会安排好工作的时间。对于赖床的问题，John自己也很苦恼，他希望养成早起的习惯，让每天的节奏变得更有规律，时间也更充裕。可是，每到应该起床的时候，他的身体都不听使唤，怎么也难以离开床榻。

罗曼·格尔佩林在《动机心理学：克服成瘾、拖延与懒惰的快乐原则》里说过："不管意识层面的企图是什么，我们的内心都有一些反面的力量，在不断推动、诱惑甚至决定我们的行为，哪怕我们曾有意识地去抵抗这些力量。"那么，这股力量究竟是什么？它和拖延之间又有什么样的关系呢？

有些人认为，John的问题很简单，纯属懒惰使然。不可否认，拖延和懒惰有一定的关系，但是完全用懒惰来解释拖延，未免太过片面。要解释清楚"这股力量是什么"，我们需要详细地了解一下拖延产生的生理机制。

· 大脑的懒惰本性

说起大脑，不少人可能会认为，它是思维与理性的管理员，是控制言语和行为的指挥官，是勤奋的、高效的执行者。但，这都是我们对大脑一厢情愿的美好想法罢了。

 脑科学家指出，大脑天生会被惰性的行为吸引。换言之，大脑天生就是懒惰的，完全禁不住诱惑。所以，我们在工作或是生活中，总是偏爱固定化的处理模式，惧怕改变，倾向于避开全新的挑战和不熟悉的事物。

为什么大脑喜欢懒惰呢？答案就是，节约能量以防不测。

从能量消耗角度来说,人的大脑一天所需要的能量占总能量的20%。在远古时代,保存能量对于人类生存是必要的。所以,大脑的惰性是进化保留下来的生存机制。这也就解释了为什么许多优秀、勤奋的人,也会在某些事情上"犯懒",忍不住拖延。

·趋乐避苦的本能

明知道有些事情很重要,当下就应该着手解决,为什么还要转而去做一些无关痛痒的事呢?英国心理学家梅尔泽说过一句话,用在这里作为解释恰如其分:"就其本质而言,一切防御机制都是我们为了逃避痛苦而向自己撒的谎。"

心理学家们在19世纪末20世纪初就已经广泛接受并认可一个观点:追求快乐、规避痛苦是人类心理最基本的动机,也是其他一切心理功能的基础。《战胜拖延症》的作者蒂莫西·A.皮切尔指出,拖延是一种"屈服以求得良好自我感觉"的行为。

> 在面对情境压力和现实任务时,为了能够获得短暂的、舒适的体验,我们会本能地做一些逃避任务、脱离当下的行为,以避开痛苦的体验。从这一层面来说,拖延的本质就是一种保护自己暂时免于内心冲突和焦虑的手段。

拖延不是品行问题，它是在一定的生理机制运行中产生的，没有人可以将它从生活中彻底抹去，人们唯一能够做的就是顺应人性，与大脑进行积极的合作，减少拖延对自身的影响。

情绪脑 VS 理性脑

◎ 两个大脑

> 情绪脑，也被称为原始脑，主要负责与情绪有关的事务；理性脑，也被称为高级脑，主要负责逻辑思考、理性分析等事务。拖延就是"情绪脑"和"理性脑"对抗的产物。

上司交付给美娅一项工作，并给出了具体的实施方案。美娅不太认同这一方案，可她也知道上司个性极为强硬，就没敢直说。任务是接了，但抵触的情绪也萦绕在她心头。

美娅心情低落，提不起工作的兴致，望着办公桌上的摆件发呆了十几分钟，又起身给自己泡了一杯茶。好不容易定下神来，办公室里忽然嘈杂起来，一位客户吵嚷着走进公司，声称要投诉某位销售代表。瞬间，客户的不满声、同事的解释声、领导的询问声此起彼伏，吵得美娅心烦意乱。

到了下班时间，美娅的电脑屏幕上依旧是一份空白的文档，她什么也没有做。沮丧和抵触的情绪，犹如一块巨大的石头，阻碍着她去执行那个自己不认同的方案。

 谢菲尔德大学心理学教授弗斯基亚·西罗斯博士说：“人们陷入长期拖延的非理性循环，是因为他们无法控制围绕一项任务而产生的消极情绪。”

当我们接手一项新任务，或是思考接下来要做的事情时，无论有没有意识到，我们的情绪都会出现波动，可能是兴奋、无聊，也可能是焦虑、恐惧。我们会产生怎样的情绪，取决于给定的任务或情况。如果任务本身令人厌恶，或是涉及更深一层的感受，如自我怀疑、低自尊、不安全感等，拖延发生的概率就会大大增加。

 布朗大学神经学家贾德森·布鲁尔博士指出，我们的大脑总是在寻找相对回报。如果我们有拖延的习惯而没有一个更好的回报，那么我们的大脑就会一遍又一遍地重复拖延。

推迟一项任务可以缓解压力，感受到短暂的放松，这可以理解为"因拖延得到了回报"。当我们因做某事得到了奖励时，就会倾向于再做一次，这也是为什么拖延往往不是一次性的行为，而是一个很容易成为长期习惯的循环。

 从生理学角度来看，拖延就是"情绪脑"和"理性脑"对抗的产物。

在拖延的情境下，情绪脑代表的是本我的需求，渴望得到即时的情绪满足；理性脑代表的是现实原则和目标指向，即客观事实和要完成的任务。当情绪脑与理性脑对峙，最终前者获胜时，大脑就会释放出一种和愉悦相关的神经递质。

情绪脑：原始脑，负责情绪情感	理性脑：高级脑，负责逻辑思考
当拖延发生时，情绪脑代表"本我的需求"	当拖延发生时，理性脑代表"客观事实"
渴望获得即时的情绪满足，不想承受痛苦	秉持现实原则，知道自己应该做什么
例："我想玩游戏，不想工作"	例："我今天要递交周报"
例："我想吃东西，不想控制饮食"	例："我已经超重了，不得不开始减肥计划"

 在面对情境压力和现实任务时，为了能够获得短暂的、舒适的体验，情绪脑会驱使我们去做一些逃避任务、脱离当下的行为，以避免理性脑带来的痛苦体验。也就是说，如果执行一项任务会让我们产生消极情绪，而现实又要求我们不得不做

时，拖延就成了第一选择。

情绪是人类面对外部刺激而产生的内在心理过程，本身不受意愿的控制，也不存在好坏、对错之分，它的产生就像我们看到黑板感知到黑色一样自然而然，不必抗拒和排斥。对情绪了解得越多，对改善拖延问题越有益，因为拖延的核心压根儿就不是时间管理，而是情绪调节，你无法指望下载一款时间管理的App就能彻底终结拖延症，变成高效能的行动派。

稍后思维是一个超级骗子

◎ 稍后思维

> 稍后思维是一种"认知转向"，就像心理上开小差，暂时回避紧迫而重要的事情，先走上一条看似更安全的岔道。这一思维的核心是，总觉得"将来做"比"现在做"更好。

去年，Ken要参加一个职业资格考试，他从三月份就着手准备。他给自己预留了半年的复习时间，也安排好了相关课程的复习顺序，安排时脑海里浮现出的是自己秉烛夜读、努力上进的样子。

春去夏来，时间过去了三个月，Ken 的复习进度比计划中慢了许多，有三门课程尚未打开书本去看。不过，他内心并没有太慌张，仿佛时间是一根橡皮筋，可以在后面的三个月里无限延伸，支撑他复习完所有的科目。

接下来的日子，Ken 依旧不紧不慢。朋友喊他出去骑行、打游戏，他都欣然接受，完全忘了自己还得备考，更忘了时间一旦过去就不复存在了。每次决定出去玩之前，他都在心里默默重复一句话："今天耽误的时间，明天辛苦一点儿找补回来。"

大脑有一种自然的倾向，总是认为未来会比现在有更多的松散时间。截止日期越远，人们越觉得事情容易达成，从而接下超出完成能力的任务、制订无法完成的目标，认为自己有充裕的时间可以把事情做好，即便今天耽搁了，明天也有机会补回来。

事实果真如此吗？如果你有过拖延的经历，你一定知道，这根本是自欺欺人的谎言。现实往往是，当"明天"如约而至时，工作量增加一倍，做事的效率一如既往，根本不存在预想中的超常发挥。这个时候，我们就像泄气的皮球，感叹时间并没有"昨天"想象得那么充裕，自己能够集中精力做事的时间，也和平时没什么区别。即便可以延长做事的时间，可随着精力的消耗，就变成了心有余而力不足。

时间有"客观时间"与"主观时间"之分，拖延的时候，我们会不自觉地将两者混淆。比如，和朋友外出游玩时，一天的时间显得很短；排队等着上厕所时，却感觉度秒如年。

如果能把个人的主观时间和不可更改的客观时间整合到一起，让两者实现无缝衔接，就不会产生拖延。比如，你正在打游戏，但你知道1小时后要健身，那么半小时后你就关闭游戏，收拾东西，为健身做准备。

关键的问题是，主观时间和客观时间经常会发生冲突，让我们不愿也无法认识到，两者存在很大的差异。比如，把今天该完成的任务拖到明天，想象着明天有"充裕的时间"去找补，却忽略了不可更改的客观时间——明天也是24小时，明天还有明天的任务，它并不会因为今天推迟的任务而凭空增加一分一秒。

 拖延，赋予我们一种全知全能的幻觉，让我们误以为自己可以掌控时间、掌控他人、掌控现实。这种全知全能的幻觉，会让我们形成一种"稍后思维"。

如果你在面对一项紧迫而重要的任务时，脑子里冒出了下面的这些想法，那你就要提高警惕了，它们很可能是拖延怪圈的起点：

○ "先放松一会儿，状态好了效率更高！"
○ "这个计划看起来似乎还不够完美，不能现在就开始执行。"
○ "目前的资料不太充裕，要不先去书店逛逛？"
○ "明天再做吧，难得和老朋友叙叙旧。"

稍后思维就像是一剂麻醉针，会麻痹我们的理性思考，让我们想当然地认为自己一定会去做某件事，只是推迟一点时间而已。遗憾的是，在"稍后"的过程中，一个个"现在"已彻底消失。正如一位先哲所言："毁灭人类的方法非常简单，那就是告诉他们还有明天。因为告诉他们还有明天，他们就不会在今天努力了。"

高估"将来的我"代价很大

◎ **情感预测偏差**

> 人们对未来积极或消极场景相关的情绪（或情感）的预测，往往与实际体验存在偏差。我们总是会

> 不理性地把"现在的感觉"当成"将来的感觉";总是认为"将来的我"会比"现在的我"更积极、更优秀、更自律。

稍后思维具有一种迷惑性和欺骗性,它会让我们误以为:今天暂且放松一下,明天做也来得及,只要明天合理安排时间,就可以完成任务。"现在的我"总是很相信那个"将来的我",认为"将来的我"会更自律、更优秀、更高效。

为什么会有这样的错觉呢?哈佛大学心理学教授丹尼尔·吉尔伯特,以及弗吉尼亚大学的学者蒂莫西·威尔逊,经过研究指出:人们对未来积极或消极场景相关的情绪(或情感)的预测,往往与实际体验存在偏差,我们总是会不理性地把"现在的感觉"当成"将来的感觉"。

比如,吃过午饭后去逛超市,往往会低估未来几天的食材消耗量而少买了东西;瘾君子在刚吸完毒品后,也会低估自己之后对毒品的渴望程度。认知会出现这样的偏差,主要有两方面的原因。

原因1:低估其他事情对未来想法和感受的影响程度。

原因2:预测未来时,过于看重当前的情形与当下的心情,忽视了在未来的状况下会发生的事情,以及我们可能会出现的感受。

延伸到拖延的问题上，也是一样的道理。

当我们准备"将来再做"时，我们关注的是当下的情感状态，且会错误地认为"将来的我"的情感状态会和"现在的我"一样。"现在的我"十分信任"将来的我"，认为"将来的我"会更积极、更自律、更高效。

比如，你原本决定今天晚上不熬夜，10点之前就睡觉。可是，到了晚上10点钟，你全然忘了那个"要坚持早睡早起的明天的自己"，你更在意的是"现在的自己"，因为你可以真切地感受到当下追剧、打游戏、刷视频的快乐。那个早睡早起的"将来的自己"就像是一个陌生人，与"现在的自己"毫无关系，不值一提。

我们并不擅长预测情感，即便这一刻乐观至极，可随着明天的到来，这份乐观终会崩塌瓦解。当情势不再乐观，负面情绪涌来，趋乐避苦的我们很有可能会继续拖延。我们很有必要听取一下行为学家霍华德·拉克林的建议："当你能认识到每一天的你，其实都别无二致的时候，你才会更容易控制今天的自己。"

当"现在的我"产生了"明天再说"的想法时,你一定要打破幻想,认清事实与真相。

·1. 客观时间不会改变

明天和今天的时间是一样的,不会因为"现在的我"想到"将来的我更自律、更高效",明天的时间就变得更多。

·2. 正确看待"将来的我"

"将来的我"和"现在的我"没有什么太大不同,就算有所不同,也是"现在的我"的行为所致。所以,别太高估"将来的我",他/她不会比"现在的我"更可靠。

·3. 拉近"两个我"的距离

你可以试着用两个○分别代表"现在的我"和"将来的我",画一下"两个我"的关系。

> 心理学家研究发现:觉得"现在的我"和"将来的我"相距很远的人,自控力会更差;觉得"现在的我"和"将来的我"相距比较近的人,自控力会更强。

你可以想象一下:"将来的我"会如何看待"现在的

我"？如果"现在的我"放弃及时行乐，"将来的我"是否会心怀感激？尝试把"现在的我"的压力告诉"将来的我"……这些做法都可以拉近"两个我"的距离，促使自己做出理性的抉择。

应对拖延的三种无效做法

◎ 自我损耗

> 在采取一些需要投入自我控制资源的行动后，个体进行自我控制的能力会被耗竭，这种自我控制能力耗竭的状态，就叫作自我损耗。

几乎所有人都有过拖延的经历，只是频率和程度不同而已。面对拖延，为什么有些人可以快速地调整好状态，投身于行动之中；有些人却备受折磨，即便无数次下定决心，也努力去提升自控力，最终还是败给了拖延？

如果你属于后者，那么这一节的内容一定会给你带来启发和帮助。很多时候，无法战胜拖延这一顽疾，并不是因为不够努力，而是这份努力用错了地方。通常，多数人在对抗拖延的问题时，会采用三种策略——意志力、外部压力、自我批判。

回想一下,你是否也用过这些方法?现在,我想要告诉你,它们全都是无效的。

·意志力——稀缺资源,不能无限取用

心理学家做过一个实验:将一些有饥饿感的受试者分成两组,并在他们面前摆放了两盘食物,一盘是香甜可口的巧克力饼干,另一盘是胡萝卜。第一组受试者被告知,可以自由享用面前的食物;第二组受试者被告知,不能吃巧克力饼干,只能吃胡萝卜。

实验开始后,第一组受试者拿起饼干就吃起来,第二组只能吃胡萝卜的受试者望着眼前美味的饼干却不能碰,感觉有些煎熬。研究人员通过监控发现,第二组中有一位受试者,拿起饼干闻了一会儿,又恋恋不舍地将其放了回去。这足以证明,在这个过程中,第二组只能吃胡萝卜的受试者调动了意志力,而第一组可以随心吃东西的受试者显得轻松而愉悦。

15分钟过后,研究人员给两组受试者出了同样的"一笔画"题目,让他们来解答。这样的题目,需要完全依靠意志力坚持做下去。结果显示,可以吃饼干的第一组受试者,在谜题任务中平均坚持了16分钟;只能吃胡萝卜的第二组受试者,平均只坚持了8分钟。

 实验告诉我们,反复去抵抗诱惑是需要消耗意志

> 力的,而意志力是一种非常有限的资源,远比想象中要稀缺,很快就会耗竭一空。所以,靠意志力去对抗拖延是最容易失败的。

我们现在所处的环境中充斥着太多的诱惑,需要极强的意志力才能抵抗这些好吃的、好玩的,静下心去做该做的事情。所以,不是我们意志力太薄弱,是诱惑太多!

·外部压力——压力过大,易诱发焦虑

人们在海上捕捉到沙丁鱼后,如果能让它们活着抵达港口,价格会比死的沙丁鱼高出几倍。可是,路途遥远、环境欠佳,沙丁鱼往往在运送的途中就会死掉,活着运回来的概率很低。然而,有一艘渔船几乎每次都能成功地带回活着的沙丁鱼,船长也赚得盆满钵满。

不少人询问过船长他到底有什么秘诀,船长始终避而不答,严守秘密。直到船长死后,人们意外地发现,他在鱼舱里放置了一条鲶鱼。鲶鱼来到不熟悉的环境会四处游动,沙丁鱼面对这样一个异类,自然会感到不安。在危机感的支配下,它们会不停游动。在危机和运动的双重影响下,沙丁鱼最大限度地调动了生命的潜能,因此能够活着回到港口。

> 适度的压力是自然且必要的,可当压力过大时,

> 人会产生焦虑情绪,而大脑则需要分泌多巴胺来对抗焦虑。怎样才能让大脑产生多巴胺呢?打游戏、看电影、刷视频,这些途径是简单易行的。因此,越是临近最后期限,游戏娱乐等的诱惑力就越大。

这也解释了,为什么时间越紧迫,拖延者反而越会浪费时间。时间一分一秒地过去,拖延者的焦虑感会增加,于是就进入了恶性循环。所以说,靠外在压力来对抗拖延也是行不通的。

·自我批判——内疚和自责,会降低自尊

当意志力和外在压力都无法终结拖延时,我们很容易将矛头指向自己,进行强烈的自我批判。遗憾的是,自责和批判无法帮助我们改变现状。

2010年,加拿大卡尔顿大学心理学教授迈克尔·沃尔和另外两位专家,进行了一项和拖延有关的研究,结果发现:那些能够原谅自己在准备第一次考试时拖延的学生,在下一次备考时拖延的概率会降低。因此,他们得出结论:自我原谅可以让个人摆脱不适应的行为,专注于即将到来的考试,而不受过去行为的影响,从而提升做事的效率。

> 当负面情绪导致重要的事务被拖延时,内疚和自

> 责会降低我们的自尊,让我们觉得自己一事无成、懒散,继而陷入"放松—自责—更严重的放纵"的怪圈。自我宽恕后我们才有勇气继续尝试,觉得一切都存在变好的可能,它比自我苛责更利于自我改变。

在处理拖延的问题时,每个人都难免会走一些弯路。现在,既然已经知道上述的方法是无效的,也就不必为此浪费时间和精力了。事实上,改善拖延从来都不是靠单一的方法,而是要从心理学、脑科学入手,找出拖延产生的深层原因,配合相应的方法和技巧,与大脑进行积极的、融洽的合作,让行动变得简单且不痛苦,这样才能从根本上提升行动力。

Part 2

走样的信条

是谁把你推向了拖延的怪圈

透过拖延，照见潜意识里的信条

◎ 潜意识

> 潜意识，是指人类心理活动中，不能认知或没有认识到的部分，是人们"已经发生但并未达到意识状态的心理活动过程"。无论是哪一种类型的拖延，其本质都是一种由恐惧引发的潜意识行为。

去年步入职场的妮娜，学习能力强，做事也很上心，得到了领导的认可。但近两个月，她已经请了三次病假，而每次生病的节点都是在即将完成棘手的任务之前。

妮娜在公司负责撰写产品文案，最初是从小的项目上手，领导觉得她挺有潜力，就逐渐让她接手大客户的项目。工作的难度提升了，妮娜的心理压力也大了，每次临近交稿时，她总是着急上火，喉咙肿痛。考虑到她的身体状况，领导只能让她休两天病假。之后，几乎每遇到重大的项目，临到截稿日期时，妮娜都会出现这样的情况，把交稿日期顺延。

Part 2 · 走样的信条
是谁把你推向了拖延的怪圈

这种状况给妮娜的身心造成了困扰，她不知道自己为什么会这样。为此，她开始向专业的咨询师求助。经过几次细致的交谈，妮娜终于看到了拖延背后隐藏的东西。

其实，妮娜对目前的工作感到很有压力，经常担心自己无法按时交稿，也担心文案不能让客户满意。越到截稿时，她就越紧张，然后上火、生病、请假，顺理成章地晚些交稿。在这个过程中，她的潜意识里有一个想法：我生病了，状态不好，即便晚些交稿，工作质量不够优秀，应该也更容易被谅解吧？

世界上不存在完全不拖延的人，也不存在对任何事情都拖延的人。拖延，只是一种笼统的称呼，表现特征都是将重要的事情往后推迟，但每一个拖延者的内心戏码却不尽相同，甚至每一次的拖延原因也有差别。从这一角度来说，拖延不过是在逃避或掩饰真正的问题，而这个问题往往不是现实层面的，而是心理层面的。

很多时候，拖延者不想面对的痛苦体验，不是来自任务本身，而是来自内心顽固的，甚至是走样的信条，比如："我必须做到最好，不能让别人觉得我很差劲""按照别人的规定做事，意味着屈服和丧失对自我的掌控""如果我成功了，就会有人受到伤害"等。对于这些信条，拖延者本人往往并不知情，它们都是通过潜意识运作的。

> 人的大脑有两条执行线路：第 1 条是潜意识执行，第 2 条是理智执行。由于大脑有懒惰的本性，会优先选择潜意识去帮助自己解决一些问题，比如：看到山楂就想到酸，不需要思考。只有当大脑无法自动做出反应解决问题时，才会动用理智来处理，比如：看到 578 + 469 时，潜意识不可能立马得出答案，大脑就会认真地去计算。

接到一项任务时，如果它的难度有些大，或是勾起了某种负面体验，潜意识路线就会促使我们直接选择拖延。临近"deadline"，潜意识无用了，理智路线才会促使我们做出最后的抉择：是彻底放弃，还是立马行动。

毫无疑问，拖延是潜意识的自动选择。想要解决拖延问题，就必须搞清楚，到底是潜意识里的哪些东西在阻止我们去迎接挑战、开始行动？所以说，拖延并不是时间管理的问题，也不是品行问题，而是一个复杂的心理问题。一个人的任何行为，无论自己是否有意识，背后都有动机，而动机背后又有深层次的需要和渴望。

1983 年，美国加利福尼亚州的两位临床心理学家简·博克和莱诺拉·袁博士研究得出：恐惧失败是拖延的原因之一。出于自我保护的本能，人类对于"恐惧"的反应十分迅速，大脑会在瞬间接收到强烈的信号，并留下深刻的记忆。为了应对恐惧，人类逐渐发展出一系列的防御机制来保护自己，拖延就是其一。

至于恐惧在拖延症中所起到的作用，2009年卡尔顿大学的提摩西·A.派切尔教授带领两位研究生通过研究证明：导致拖延症的恐惧是多方面的，有人是因为缺乏信心而拖延；有人是害怕表现不好丢脸、伤自尊而拖延；还有人则是害怕自己失败了，会让自己最在意的人失望，所以才会拖延。

鉴于家庭环境、成长经历、个人性格等差异，每个人内心深处都有其特定的恐惧，甚至有些恐惧连当事人自己都没有意识到。以妮娜来说，她的深层恐惧是害怕自己的文案不被客户认可，降低自我价值感。为了避免这种不好的体验，她索性将问题和责任归咎于外部因素——"我身体不适，状态不好，带病赶出来的文案难免质量欠佳，不是我能力不行。"

日本时装设计师山本耀司说过："自己，这个东西是看不见的，撞上一些别的什么，反弹回来，才会了解自己。"那些曾经或此刻发生在我们身上的拖延，那些因拖延而产生的焦虑不安、自我厌恶，恰恰是一面照见真实自我的镜子。

完美主义：表现 = 能力 = 自我价值

◎ 完美主义型拖延

> 美国芝加哥德保罗大学心理系副教授费拉里说："某些拖延行为其实并不是拖延者缺乏能力或努力不够，而是某种形式上的完美主义倾向或求全观念使得他们不肯行动，导致最后的拖延。他们总在说：'多给我一点时间，我能做得更好。'"

有一位伟大的雕刻家，才华横溢，技艺非凡，但凡是他雕刻的雕像，若和实体放在一起，都能够以假乱真，令人难以区分到底哪个是真人，哪个是雕像。

有一天，一位算命先生告诉雕刻家，他大限将至。雕刻家听闻，悲痛欲绝，虽说他才能出众，但他也是个凡人，他和芸芸众生一样，内心无比惧怕死亡。在接下来的日子里，他尽心地思索，希望有一个办法能帮自己逃避死亡。最后，他做了11个自己的雕像，当死神降临的时候，他藏在那11个雕像之间，屏住了呼吸。

死神无法相信自己的眼睛，面对眼前12个一模一样的人，该带走哪一个呢？

死神来到上帝面前,询问上帝:"为什么会有12个完全一样的人?我该如何选择?"

上帝把死神叫到身旁,与他耳语一阵,告诉死神区别真人和另外11个雕像的暗号。死神对此将信将疑,但还是决定试一试。

他进入12座雕像所在的房间,向四周看了看,然后说出"暗号":"先生,一切都非常完美,只有一件小事例外。你做得非常好,只可惜,还是让我看到了一个小小的瑕疵。"

雕刻家完全忘记了自己躲起来的事,跳出来问:"什么瑕疵?"

死神大笑着说:"这就是瑕疵——你无法忘记你自己。天堂里都没有完美的东西,更何况人间?别白费力气了,跟我走吧!"

故事的寓意很清晰,这个世界上不存在完美的东西,过分追求完美的行为,本身就是一种"瑕疵"。现实中有不少人对自己要求甚高,总想把事情做到极致,反复地纠结、思索,不是推迟开始,就是延误进度。这种情况,就属于完美主义型拖延。

完美主义型拖延者对自身的期望很高,只是这些期望往往脱离实际。试图把事情做到极致的他们,内心大都存在这样的想法:自我价值源于成就;犯错是能力不足的表现;努力的结果只有成功和失败,不存在足够好的状态;没有十足把握的事情不能做……

> 🔔 这些走样的信条，可以总结成一个通用的公式：
> 自我价值＝能力＝表现

完美主义者往往认为：如果表现完美，就证明我很有能力，我会感觉自己很棒；如果表现不佳，说明我能力不行，我会感觉自己很糟。当能力和表现成为自我价值感的唯一衡量因素时，就会出现一个错误的逻辑：表现完美证明自己很出色，表现平庸证明自己很平庸。

那么，完美主义型的拖延者，该如何纠正信念上的偏差呢？

> 🔔 美国临床心理学家、教育学博士威廉·克瑙斯指出："如果你是一个完美主义者，你要做的就是在每次被完美主义拖延之时告诉你自己——打住！"

·1. 打消"万事俱备再行动"的想法

每一次挑战都伴随着问题和变化，即便当下这一刻考虑得足够周详，也无法准确预测最后的结果。毕竟，在执行的过程中，难免会出现意外和差错，没有人可以在行动之前解决掉所有的问题。做好迎接困难的心理准备，在行动的过程中不断地修正方案，遇到麻烦积极地想办法解决，才是有效的处理方式。

· 2. 告诉自己"就算不完美也没关系"

当你极力追求完美，用拖延来延缓焦虑时；当你钻了牛角尖，为某些瑕疵纠结时；当你对某件事物感到恐惧和不自信时，你都要及时告诉自己："没关系，谁都不是完美的。"一旦你承认了不完美是常态，接纳了有缺点和不足的自己，拧巴的感觉就会被削弱。

· 3. 成为一个"部分完美主义者"

着手一件事情，执行一项任务，要在完成的基础上，再去修正和完善细节；要先制订出轮廓和框架，再去填充具体的内容。不要为了追求某种形式上的完美，影响了整体的进度；细节固然重要，但全局意识更重要，要有选择性地精益求精，不要"捡了芝麻丢了西瓜"。

· 4. 学会用"成长的心态"看待自己

工作能力与自我价值之间没有绝对联系，不是非得做到完美才能证明自己有价值，也不是一件事情没做好就意味着整个人都是失败的。用"成长的心态"看待自己，相信能力是可以发展的，随着时间的推移和经验的积累，你会越来越优秀。秉持这样的心态,可以减轻对失败的恐惧,卸下心理压力。

万物有裂痕,光从痕中生。放下对完美的执念,是变得更好的开始。

抗拒成长:成功 = 对自己构成威胁

◎ 约拿情结

> 大多数人在接近自我实现时,在快要实现自己所向往的目标时,会开启自我防卫的心理机制,拒绝成长,拒绝承担更大的责任。对于这样的心理现象,马斯洛将其称为"约拿情结"。

《圣经》里面有这样一段记载——

先知约拿奉上帝之命,前往尼尼微城传信息。这是一项难得的使命和荣誉,也是约拿一直以来向往的。可是,当他完成了这项使命,看到荣誉摆在自己面前时,却感觉到了恐惧。于是,约拿把自己隐藏起来,不让别人纪念他,并认为自己所做的事是不得已的,是承蒙神的恩典才完成的,自己名不副实。

借助这样的方式,约拿想把众人的目光引到神那里去。

> 🔔 在机遇面前,表现出自我逃避和退缩畏惧的行为,不敢去做自己原本可以做得很好的事情,甚至逃避挖掘自己的潜力,是一种对成长的恐惧,也是阻碍自我实现的心理障碍。

罗雯参加过我的线下工作坊,她是一位擅长思考又颇有智慧的女性。

在五天的学习中,罗雯启发不少伙伴对生活哲学进行了深入思考,同时让我感受到了精神层面的互动对个体内在的滋养,以及团队动力对个人成长的促进。

在罗雯与其他学员互动时,我留意到了一个细节,每次聊到有深度的话题,罗雯的神情都会透出一丝疑惑,她会用试探性的语言询问伙伴:"我每天琢磨这些烧脑的问题,会不会被认为精神上存在自虐的倾向?毕竟,这和现实生活相距甚远,那么多有意思的事不去想,整天琢磨这些'不接地气'的问题,有人愿意听吗?"

这些话,看似是在询问伙伴的看法,其实是在问她自己。在罗雯的神情中,我体察到了一丝不安和恐惧,似乎她觉得不应该和同伴谈论那些有深度的话题,似乎这种谈话会让她显得思想过于深刻,不谙世俗的朴实与快乐。然而下一次,她还是忍不住要谈起这些话题。

工作坊里的所有人，特别是罗雯所在小组的伙伴们，都认为她是特别有思想的人。她既希望别人感知到这一点，又害怕面对别人的称赞与欣赏。她自己也提到，有合作伙伴邀请她担任公司的讲师，她挺感兴趣的，却总是以各种借口推迟入职，似乎是在逃避成功。

要说畏惧失败，这不难理解，可对于成功和优秀，为什么也有人想要躲避？

心理学家研究发现，导致这一情结产生的可能原因是：

（1）早年因自身条件限制，产生了"我不行""我做不到"的自卑情结。

（2）成长环境未能提供足够的安全感和机会，致使个体患得患失。

（3）所处的社会文化过分强调谦卑低调，个体不敢展现光芒。

成功意味着"被看见"，被看见既有愉悦感和成就感，也会有不舒服感；既有骄傲感和荣誉感，也有暴露于众的尴尬感。对于自尊不稳定的人来说，他们想逃避的恰恰是被看见、被关注时，以"羞耻感"为核心的负面情感。

马斯洛说:"如果你总是想方设法掩盖自己本有的光辉,那么你的未来肯定是黯然无光的。"那么,怎样才能摆脱约拿情结的束缚,安心地追求和享受成功呢?

·1. 意识到约拿情结是一种防御机制

你在靠近自己渴望的目标的过程中,一旦心里隐隐产生想要逃避的想法,就要知道,这是你的防御机制在发挥效用,你在试图退缩到自己内心建立的安全堡垒中。意识到这一点至关重要,你可以理性地知道发生了什么,然后做出有利于自己的选择——打破防御,克服恐惧的心理,鼓起勇气靠近内心渴望的目标。

·2. 从较小的目标入手,逐渐积累自信

成长也好,成功也罢,都不是一日之功。可以从较小的目标入手,积累成功的体验,每一次获得的鼓励与肯定,都会成为行动的驱力。生命是一个连续的过程,每一个选择面前都存在进退的冲突,如果每次都选择勇敢地前进一步,那么积累起来,就是不可小觑的大跨越。

决策瘫痪：不选择 = 不必承担责任

◎ 普希尔定律

> 英国A·J·S公司副总裁普希尔认为，在作出一项正确的决策之前，速度是关键。再好的决策也经不起拖延，思虑过多会阻碍我们迅速作出决策。

前段时间，菁菁向老板提出辞职，理由是身体状态不佳，需要休养一段时间。其实，菁菁是对公司的管理制度不满，许多好的计划都执行不下去。

在办理工作交接期间，菁菁又去面试了一家新公司。这个公司规模较大，各项规章制度也较为完善，只是工作强度比较大，对员工的要求也较为严格，薪资待遇基本一样。

前公司的老板很看重菁菁，在她提出辞职后，跟她谈了两次，希望她能留下来。这样的局面，让菁菁犯了难：一方面，她觉得新公司规模大、制度完善，却也担心工作强度大，会比较辛苦；另一方面，她很享受前公司老板的信任，可又担心回去后，工作环境得不到改善。

之后的几天里，菁菁不停地对比权衡，几乎问遍了身边所有可信的人，反复在微信或电话中提及自己的犹豫。尽管周围人都给出了自己的看法，可菁菁依旧作不出决策。

> 面对某个问题，有两个或两个以上的选项，每一个选项都有利有弊，在"究竟该选哪一个"的问题上思前想后、犹豫不决，无法作出最终决策，或是久拖不决，被称为决策瘫痪。

对个人而言，买房、买车、孩子上学、选股票、选公司、周末去哪儿玩、晚饭吃什么等，无论事情大小、影响轻重，都可能出现决策瘫痪的情况。尤其是涉及个人和家庭的重大事件，选择的成本和风险较高，决策之前权衡利弊是应该的，谨慎为之也无可厚非。但是，若是久拖不决，或是为了逃避现实而不作决策，往往会引发另外的问题，那就是错失良机。

> 拿破仑·希尔说过："在你的一生中，你一直养成一种习惯：逃避责任，无法作出决定。结果，到了今天，即使你想做什么，也无法办得到了。"

像菁菁这样的决策瘫痪者，是不具备快速作出决策的能力吗？心理学家很早就关注了这个问题，且针对"决策瘫痪者"和"果断决策者"进行了实验，并得出重要结论：

> 决策瘫痪者在竞争力方面并不比决策果断者差,他们也可以有效地工作。在必须作出决定时,他们的决策速率和准确率,与决策果断者基本一致。换言之,决策瘫痪者并不缺少快速作出决策的能力,是他们自己选择了放慢决策速度。

为什么要放慢决策速度呢?哪些因素导致了决策瘫痪呢?

· 1. 没有原则,缺少取舍的标准

如果一个人不知道自己最想要什么、最看重什么,在面对多个选择时,就会犹豫不决,停留在收益和风险层面的算计。这样的做法看似科学合理,实际上忽略了一个重要的前提:不同的收益和风险,权重也是不一样的。

> 通常来说,原则和价值观清晰的人,在作决策时往往干脆利落,不会拖泥带水。符合原则与价值观,有风险和困难也要选;不符合原则与价值观,收益再高也不选。

· 2. 厌恶损失,渴望利益最大化

经济学的"理性人假设"告诉我们,每个理性人都想追求资源利用最大化,但在面临一个两难的选择时,追求完美无缺

的决策显然是不现实的。选择本身就意味着要接受缺陷，只想获得最高利益，不想承担任何风险和损失，与贪婪无异。

> 决策，不只关乎理性，也关乎勇气。理性思考后的当断则断，并不容易做到。

·3. 逃避心理，不想承担责任

面对两难选择时，暂时不做选择，就可以避免出错。这是一种典型的逃避心理，决策拖延者在逃避的同时，会寄希望于外部环境发生变化，以便让决策变得容易，其中最常见的说辞就是——"再等等，万一……呢！"等待，可能会迎来新的变化，但新的变化不一定对当下的决策有利，也可能会让决策变得更难。

> 决策的本质，是承担选择的责任，心理学家沃尔特·考夫曼说："患有决策恐惧症的人，通常不会自己作决定，而是让别人替自己决定。这样的话，他们就不用对后果负责了。"

针对决策瘫痪的问题，长期研究拖延症的美国心理学家约瑟夫·费拉里提出了几条中肯且有效的建议。

·建议1：限制选择的数量

选择过多，容易导致决策瘫痪。为了避免这一情况，要尽量把选择范围缩小。比如，准备换工作时，可将工作分为全职和兼职两种，扪心自问：我是想要自由一点的工作，还是希望稳定一点、每天待在办公室？做出第一个判断后，再细化条件，进行选择。

·建议2：权衡得失利弊

想让决策更加理智，减少后悔和遗憾的发生，不妨给自己列一个利弊清单。把所有的利弊都考虑清楚后，再作决策就会简单一些。

·建议3：警惕草率决策

杜绝决策瘫痪，并非意味着要匆忙草率决策。要收集重要的信息，以信息为基础，用理性战胜感性，更有利于作出可靠的决策。

·建议4：切忌左顾右盼

作出决策之后，最忌讳的就是左顾右盼，总想着另外的一种可能。这是很不可取的，选择之前要谨慎，选择之后就要坚定，顺着自己所选的路走下去，才是正确的态度。

·建议 5：记录真实想法

在行动的过程中，我们的脑海肯定会不时地冒出一些奇怪的念头，阻止行动的继续。每次出现这样的想法时，不妨把它们记下来，了解自己在哪些地方存在问题，然后有针对性地去解决，这也是一种进步的方式。

生活是一场人人都得参与的比赛，必须加入，无法逃避。冒险和博弈，是生命的重要组成部分，决策是一种挑战，也是必经的经历。一个没有担当的勇气、没有明确的目标的人，注定会变成懦弱、没有主见的傀儡。

自我设限：尝试与努力 = 白费力气

◎ 习得性无助

> 由于经历了重复的失败或惩罚，对现实感到无望和无可奈何，认为无论怎样努力也无法改变事情的结果，继而放弃努力、听任摆布。

1967年，塞利格曼做了一个动物实验：第一阶段，把狗关在笼子里，只要蜂鸣器一响，就对其施加电击，关在笼子里的狗无法逃避电击。第二阶段，经过多次实验后，蜂鸣器一响，在对狗施加电击之前，先把笼门打开。此时，狗不仅不逃跑，而且在电击还没有开始时，就倒在地上呻吟和颤抖，绝望地等待着痛苦的降临。

1975年，塞利格曼以一群大学生为受试者进行实验，也发现了类似的现象。他将受试的大学生随机分成3组：给第1组学生听一种噪声，且这种噪声无法叫停；给第2组学生也听这种噪声，但学生可以通过努力使噪声停止；第3组学生是对照组，不听噪声。

当受试者在各自条件下进行一段时间的实验后，再要求他们进行另外一项实验。这项实验的装置是一只"手指穿梭箱"，当受试者把手指放在穿梭箱的一侧时，就会听到一种强烈的噪声，而放在另一侧时则不会出现这种噪声。

实验结果显示：在原来的实验中，能够通过自身努力使噪声停止的第2组受试者，以及没有听噪声的第3组受试者，在"手指穿梭箱"的实验中，都学会了把手指移到箱子的另一侧，使噪声停止。然而，第1组受试者，就是在原来的实验中无论如何都无法让噪声停止的受试者，却任由刺耳的噪声拼命地响，也不把手指移动到箱子的另一侧。

通过习得性无助实验，我们不难看出：面对不可控的情境，当个体认识到无论怎样努力都无法改

> 变结果后，就会产生放弃努力的消极认知和行为，表现出消沉、无助等负面情绪。与此同时，习得性无助又会进一步恶化个体的身心状态，影响其理性判断与学习能力。

当一个人认定自己这辈子都不配过好的生活时，他就会在不知不觉中延续会让自己变得更差的习惯，暴食、熬夜、懒散，结果真的把生活弄得一塌糊涂；当一个孩子认定自己不可能学好数学时，就会放弃在这一学科上做任何努力，结果他的数学成绩自然是一塌糊涂。

自证预言在现实生活中被频频验证，实际上就是心理暗示造成的结果。这种负性的暗示犹如魔鬼之手，在你想要释放潜能的时候，一把抓住你，吓得你退缩。时间久了，它会让你在心里默认一个"高度"，并强化一个错误的信念："我是不可能做到的""努力也是白费"。为了避免失败，唯一的选择就是拖着不做，或者彻底放弃。

塞利格曼认为：消极的行为事件或结果本身并不一定导致无助感，只有当这种事件或结果被个体知觉为自己难以控制和改变时，才会产生无助感。

习得性无助，是人在面对痛苦时自发产生的动物本能。要消除习得性无助感，最重要的是改变不良的归因模式，不要总把失败归因于能力，要尝试把失败归于努力因素。在面对挑战的时候，增加重复次数与强度，为自己累积优势。

下一次，当挑战摆在眼前，你心里那个消极怠慢的念头再次闪现时，尝试理性地告诉自己："这件事，1遍做不好，我就努力做2遍，进步一点点；2遍做不好，我就努力做3遍，再进步一点点……要是N遍做不好，我就努力做N+1遍！"

被动攻击：拖着不做 = 捍卫自我边界

◎ 被动攻击

> 被动攻击，也称隐形攻击，是指用消极的、恶劣的、隐蔽的方式发泄自己的情绪，以此来攻击令自己不满意的人和事。

David是一个重度拖延者，博士读了九年，仍然没有毕业。

最近，David牺牲了许多娱乐时间，熬夜改论文，做实验前的准备，看似一直都在行动，实则全是假象。三年前，他就在改论文，说是要补充数据。如今，论文的进度没有太大的变化，实验也没能真正开始。

难道是David能力不足，无法独立完成论文？情况没那么简单。

其实，David在内心深处对他的导师十分不满，因为导师压着他的文章不让发表，科研上也没有作具体的指导，总是一味地批评他、否定他。之前有两位博士师弟，由于受不了导师的行为，直接选择了退学；还有一位师姐，也因为对导师不满闹到学校，在换了导师一年后，她就发表了文章，顺利毕业。

老实憨厚的David，不敢表现出对导师的不满，也承受不了退学的代价，他只好拿出积极的态度，通过做各种其他事情来拖延自己真正要面对的问题。每一次导师找他，他都显得很忙，可他自己非常清楚，这种勤奋不过是为了掩盖拖延的真相，做的全是无用功。

身处权力等级的关系中，直接跟导师对抗不太现实，于是David就用拖延的方式来表达自己的愤怒和不满，这是一种被动攻击。

> 被动攻击的表现形式很多，比如：表面上服从，私下却用不配合、随意敷衍、拖延等方式阻碍工作的正常进行；当他人做出成绩、表现出色时，不给予赞赏和表扬，反而鸡蛋里挑骨头；经常性地不遵守时间规定；很简单、很容易兑现的承诺，却总是失信于人。

人之所以会选择被动攻击，多半是出于以下两方面的原因。

·原因1：处于弱势地位，害怕发生正面冲突

通常来说，被动攻击的发起者在权力和地位方面不占优势，不敢或不愿违背对方的意愿，害怕发生正面冲突，只好在表面上呈现出顺从的姿态。实际上，他们内心充满了抗拒和排斥，为了释放被压抑的不满和愤怒，他们往往会选择在背后进行破坏性的工作。如果组织中的领导者是专制型的，刚愎自用，那么下属多半不会去挑战他的意志，就算心存不满和否定，也会用隐形的方式进行反抗。

·原因2：受成长经历影响，不敢表达负面情绪

有些人在成长过程中，受家庭观念的影响，不被允许表达负面情绪，还为此遭受过不少的惩罚或批评。这样的经历限制了他们的情绪表达，在走入社会以后，他们往往会倾向于用被动攻击的方式来表达不满。

被动攻击是一种不成熟的自我防御，因为它没有从根本上解决问题。你以拖延的方式表达不满和愤怒，但对方并不了解你的感受，也就不会做出改变。下一次，他们还会以同样的方式对待你。更糟糕的是，这种被动攻击还可能会破坏彼此的关系，如长时间不回复消息、拖延完成任务，这样的做法会让对

方沮丧又懊恼。

无论内心有多少不满，拖延重要的事情，最终都要付出代价。被动攻击的方式，无法让他人了解你的真实感受，也解决不了实际问题。如果你习惯用这样的方式表达负面感受，下面的建议，应该会对你有所帮助。

·建议1：认识被动攻击的行为模式

通常来说，被动攻击主要有以下几种典型模式：

（1）否认愤怒——我很好，没关系。

（2）口头顺从，行为拖延——我打完游戏就去工作。

（3）停止交流，拒绝沟通——你说得对，就听你的。

（4）故意降低效率——我做报表了，但没想到你是要最近一个月的。

（5）规避责任——我以为这是××负责的。

（6）忘记重要的事——我忘了检查细节。

也许，在过往的日子里，你不知道自己为什么会出现上述情景，但希望你现在能够意识到，它们可能是一种信号，提醒你内心对某人或某事存在不满，你要重视它。

·建议2：尝试接受自己的愤怒

威斯康星大学绿湾分校心理学博士瑞安·马丁，长期致力于对愤怒的研究。他在TED演讲中提到：愤怒这种情绪并不是

"问题",而是一种提醒。

当我们愤怒时,要思考一下,到底是什么让自己如此生气。是对方强势的态度,对自己的不尊重,还是其他?无论是哪一种,当我们能够正视愤怒时,就对自己有了更深入的了解。

·建议3:向自己信任的人表露情绪

改变被动攻击的行为模式不是一蹴而就的事,毕竟它已经成为一种自动的习惯。当你意识到有些言行可能是被动攻击时,可以尝试向信任的人表露情绪。心理学研究证实,当我们坦诚地表露自己的感受时,不但不会损害关系,反而会增进彼此的情谊。

Part 3

享乐的诱惑

驯服脑中那只及时行乐的猴子

当心大脑中那只"及时行乐猴"

◎ 及时行乐猴

> "及时行乐猴"代表人类的原始动物脑,其本能是趋乐避苦,喜欢做自己喜欢且擅长的事,讨厌让自己感到不安和痛苦的事。

生活处处充满了理性的宣言,可无论我们的决心有多么坚定,也难免会在某些时刻被拖延搞得分崩离析、一败涂地。看看下面的情景,有无似曾相识之感?

○ 打开书本刚看了三五页,就不由自主地去拿手机,想看看有谁给自己点了赞。

○ 决意周末要加班赶一下进度,却窝在床上不肯起来,贪恋着温暖与舒适。

○ 写订阅号的任务还没有做,忽然想起热播的网剧到了更新的时间。

○ 原本是想整理衣物，结果却把整理变成了"家庭时装秀"。
○ ……

以上，就是拖延者的真实写照：明明有做某件事的意愿，却总是无法投入这件事情中；不自觉地被充满诱惑的事物吸引，看似是获得了短暂的快乐，但内心深处却不时地涌现出焦虑、悔恨和自我憎恶。面对这样的情形，我们常常充满了迷茫与困惑。

美国知名博主蒂姆·厄班在TED上做过一个有关拖延症的演讲，试图解释拖延者的脑子是什么样的，以及为什么会拖延。他用别开生面的方式，描述了拖延者大脑里3个不同性格的角色——理性决策人、及时行乐猴、恐慌怪兽。

·角色1：理性决策人

理性决策人是大脑中最重要的角色，他对会所有的信息进行逻辑分析，从而作出理性决策。人类与动物最显著的区别，正是在于人类可以对事物做出理性的分析和判断，我们可以从过往的经验中学习有用的知识，用它来指导生活与工作，同时能预测和规划未来。

·角色2：及时行乐猴

蒂姆·厄班指出，非拖延者和拖延者的大脑里都有一个理性决策人，但不幸的是，拖延者的理性决策人旁边，还站着一只及时行乐的猴子！这只及时行乐猴完全生活在当下，没有过去的记忆，也没有未来的概念，它只关注两件事——简单和开心。

当理性决策人想要掌舵大脑认真做事时，这只猴子总是会蹿出来捣乱："这件事太难了，先玩一局游戏放松一下？或者，去吃点好吃的？其实，明天再做也是可以的……"很快，理性决策人就动摇了，听从了猴子的建议，而猴子也成功夺走了舵盘。待理性决策人意识到自己正在拖延要事时，时间已经一去不复返了。

为什么猴子总是可以成功戏弄理性决策人呢？

> 这是因为，理性决策人是人类大脑进化后的产物，而猴子是原始动物脑，资历远比理性决策人深得多。想要单纯依靠理性决策人的意志力与及时行乐猴对抗，几乎是不可能成功的，它根本不是猴子的对手。哈佛商学院研究员发现，人类几乎所有的行为改变，都不是对意志力的挑战，而是平衡理智和情感的智慧考验。

·角色 3：恐慌怪兽

既然理性决策人不是及时行乐猴的对手，那么这只猴子有没有"天敌"呢？

当然有！那就是大脑中的第三个角色——恐慌怪兽，只要它出现，猴子就会躲得远远的。

> 多数时候，恐慌怪兽都处于沉睡状态，只有在某项任务截止日期临近，或是当人们陷入羞愧难当的情境中时，它才会出现。这个时候，及时行乐的猴子瞬间就会被吓跑，它知道再胡闹下去会出麻烦。然后，恐慌怪兽会监督理性决策人来掌握大脑的舵盘。但由于恐慌怪兽的存在，理性决策人的理性会被压制，通常都是着急忙慌地完成任务，很容易忙中出错。

大脑中这三个角色的特质与关系，为我们解决拖延问题指明了方向：想要减少拖延行为的发生，关键是要控制好那只"及时行乐猴"，同时也要避免唤醒"恐慌怪兽"，尽可能让"理性决策人"去驾驭大脑，朝着既定的目标前行。

所有拖延者的"阿喀琉斯之踵"

◎ 阿喀琉斯之踵

> 荷马史诗中的英雄阿喀琉斯，武艺超群、所向披靡，他身上只有脚后跟没有浸到神水，那是他唯一的弱点。在后来的特洛伊战争中，他被毒箭射中脚后跟而丧命。之后，人们就用"阿喀琉斯之踵"来形容致命的软肋或弱点。

1999年，国外的三名专家开展了一项和人类选择倾向有关的研究。

他们招募了一群受试者，提供24部电影候选名单，让他们从中选出3部。这些电影中，有符合大众口味的影片，如《窈窕奶爸》《西雅图未眠夜》；也有耐人寻味的经典影片，如《钢琴家》《辛德勒的名单》。专家们想知道，受试者是会选择娱乐性的大众电影，还是会选择有思想内涵的电影。

实验开始后，受试者们各自挑选出了自己比较喜欢的3部电影。然后，专家让他们从中选择1部放在第一天观看；再选出1部，两天之后观看；最后1部，四天之后再观看。

在受试者们选出的"最喜爱影片"中，《辛德勒的名单》

几乎是必选项，毕竟它太经典了。不过，选择在第一天观看《辛德勒的名单》的人只有44%，多数人更倾向于先看娱乐性的电影，如《变相怪杰》《窈窕奶爸》等；把《辛德勒的名单》放在第二天和第四天观看的人，所占比例分别为63%和71%。

这一次的实验数据显示，人们似乎更倾向于将有思想深度的影片放到最后观看。

紧接着，专家们又进行了另外一项实验：要求受试者选择可以"一次性连续看完"的3部影片。面对这样的要求，选择《辛德勒的名单》的人，只有前一次实验人数的1/14。

全部的实验结束后，专家们得出结论：人们在作选择的时候，总是不自觉地倾向于安逸的事。这种现象被称为"即时倾向"，即现在可以得到的满足感更重要，只要现在舒适就好，懒得去思考问题；现在想要的东西，以后未必还想要，所以不妨先满足即时的需求。

即时倾向，几乎是所有拖延者的"阿喀琉斯之踵"，也是拖延行为发生的催化剂。

英国哲学家约翰·洛克曾尖锐地指出："那些不能控制自己的性情倾向，不知道如何抵制当前快乐或痛苦的纠缠，不能按照理性告诉他的原则去行事的人，缺乏的是德行和勤勉的真正原则，而且他因此正处于将来落得一事无成的危险境地。"

如果一个人总是向即时快乐投降，那么他在生活的各个方面都很容易拖延。事实还证明恋爱关系不良、差劲的领导力、药物滥用、暴力、自杀等问题，也跟即时倾向有关。你可以想象得到，如果恶习比美德带来更多的即时满足感，会造成什么样的后果。

> M. 斯科特·派克在《少有人走的路》中说过：人生苦难重重，自律是解决人生问题最主要的工具，而实现自律的第一步就是"推迟满足感"。为了更有价值的长远结果，放弃即时满足，不贪图暂时的安逸，重新设置人生快乐与痛苦的次序：先面对问题并感受痛苦，然后解决问题并享受更大的快乐，这是唯一可行的生活方式。

为什么当前的诱惑难以抗拒

◎ 当前偏差

人们对于当前的折现率（将未来有限预期收益折算成现值的比率），要远远高于对远期的折现率。当人有当前偏差时，拖延就应运而生，因为远期的诱惑

> 力，远没有当前的诱惑力那么大。

2007年，哈佛大学教授大卫·刘易斯与他的合作者们做了一个实验：受试者是一批哈佛大学的本科生，他们被告知第二天要做研究，且在做研究之前不能饮水。所以，在进行实验时，这些受试者已经很长时间没有饮水了，处于十分口渴的状态。

实验开始后，他们给这些口渴的学生两个选择：

选择1：现在就喝一小杯果汁。

选择2：5分钟之后，喝两小杯果汁。

结果，超过60%的学生选择了——现在就喝一小杯果汁！

接着，他们又做了一个相关的实验：受试者依旧是这些特别口渴的学生，但这一次的选项发生了变化：

选择1：20分钟后，喝一小杯果汁。

选择2：25分钟后，喝两杯果汁。

这一次，70%的学生选择了"25分钟后喝两杯果汁"，只有30%的学生选择第一种。

在第一种情况下，立刻就有果汁喝时，多数学生都选择现在就喝，不愿意多忍耐5分钟。在第二种情况下，学生们觉得反正总要等20分钟，再多等5分钟也无妨，那样就能多喝一杯果汁，这样的"收益"更诱人。

在同样口渴的情况下，出现了两种大相径庭的结果，这就说明：当前5分钟的折现率，远远大于20分钟后的折现率，远期的诱惑抵不过当前的诱惑。这种现象叫作当前偏差，拖延的发生与之有密不可分的关系。

也许你会问，为什么会有当前偏差呢？

这要追溯到远古时期，那个时候资源稀缺，环境充满了不确定性，祖先们往往是吃了上顿没下顿。在这样的处境之下，长远的计划并不利于生存，活在当前反而是更现实的选择。比如，在饥饿难耐的情况下，最重要的就是抢夺食物，而不是顾及其他。

看到这里，你应该会更加理解，为什么理性决策人总是败给及时行乐猴。

> 沃尔特·米歇尔在《延迟满足》一书中指出，即时满足是人类的本能，延迟满足意味着要违抗本能，调动大脑中最为复杂的"冷静系统"对当前的冲动进行理性的反思与规划，而这也正是自控力的根本来源。

如此说来，及时行乐猴是不是一个"糟糕的存在"呢？

不。如果放弃所有快乐的消遣，不去体验各种情绪，不去经历可能的生活，我们的人生会变得乏味而无趣。享受现在，不意味着必须牺牲长远的幸福，我们的生命只有一次，适当地及时行乐，也是为了找寻自身存在的证明。但人生在世，总要有所追求，在享乐与受苦之间，我们需要学习一种重要的能力，即延迟满足。

> 桥水基金创始人瑞·达利欧说："生活就像是在捉弄我们，它会摆好诱惑和障碍，再问你怎么选。人们普遍会回避失败带来的痛苦，但是我却建议你去经历痛苦。每当遇到困难，就把它当作一个难题，一旦解决了它，我便获得一种奖励，这个奖励就是下次我不会再回避问题并且知道如何应对。"

延迟满足，有利于帮助我们弱化冲动，让暂时的欲望为长期的幸福让路。当我们不再只顾眼前的利益得失，不在乎一时的得失，有扛住挫折困苦的韧性，也有不为赞赏得意忘形的淡定，我们往往能够更加客观地认识自己，也能更快地获得进步。延迟满足，还能给予我们不断鼓舞自己坚持下去的精神力量，引领我们在等待的过程中储存耐力、厚积薄发。

当及时行乐猴跳出来，怂恿你把重要的事情往后拖时，你可以从不同的角度进行思考，让自己意识到"延迟满足"的好处，做一个宏观全局的人，而不是为了眼前的那点儿轻飘飘的快乐乱了阵脚。

·思考角度1：选择做重要且紧急的事情会有什么结果？

选择做重要且紧急的事情，意味着你放弃了暂时的娱乐和安逸，却能在之后的日子里获得更宝贵的东西，或许是直接的利益，或许是机遇。这就是"延迟满足"。

·思考角度2：选择做短暂又吸引人的事情会有什么结果？

只获得一时的快感，多巴胺的效应来得快也去得快，等到快乐散去，内心只剩下一堆虚无，这样的状态是很多人恐慌的。片刻的满足感十分易逝，当你回过神来就会发现，不仅没有了快乐的感觉，还给自己留了一堆待完成的任务。

改变外部的环境，移除诱惑源

◎ 改变的悖论

> 改变的第一原则是不改变，如果试图通过让人感到害怕、羞愧或是受到威胁和命令，来改变人的行为，那么往往会失败、反弹，甚至个体可能比之前表现得更糟。

想要避免及时行乐猴的干扰,强化延迟满足的能力,单纯地依靠意志力并不是一个好主意,这样很容易陷入"改变的悖论"。相比而言,更为可行且有利于长期持续的做法是,尝试改变外部环境,移除诱惑源。

心理学家在解释行为时,有的将行为归因于外部因素(如行为主义),有的将行为归因于内部因素(如本能论)。不过,社会心理学的先驱库尔特·勒温,却采用格式塔心理学观点,将个体行为变化视为在某一时间与空间内,受内外两种因素交互作用的结果。

> 勒温借用物理学上的"力场"概念——在同一场内的各部分元素相互影响,当某部分元素变动,所有其他部分的元素都会受到影响,来解释人的心理与行为,并提出著名的"勒温的场论"公式:$B=f(PE)$,即人的心理活动是在一种心理学场或生活空间里发生的,一个人的行为(B),取决于个人(P)与其所处环境(E)的相互作用。

换言之,改变环境,行为就可以随之改变。

以前写稿子时,我大脑里的那只及时行乐猴也会不时地跳出来,发出怂恿的声音:"嘿,看看手机呗?你今天还没有打开微博,不想看看有谁给你的微博留言了吗?""中午吃什么呀?要不要查看一下附近的美食推荐?吃饭可是一件大事呢!""昨天的电影,你好像没有看完,不如先把它看完了吧!"

禁不住诱惑的我,此时往往就会打开手机。尽管心里默念着"看一会儿就放下",可不知不觉,就刷了半小时,甚至是一个多小时。等我意识到,眼前的稿子已经陷入搁置状态,我正在因玩手机而拖延时,我满心都是懊悔。毕竟,时间流走了,不可能再找回来。

我尝试过在想看手机时提醒自己"待会儿再看",或者直接把手机放在其他房间。坦白说,这些做法不太管用,因为猴子的干扰太严重了,它总是怂恿我"现在就看""到隔壁房间拿手机",而我也总是乖乖就范。

现在,这样的状况已经彻底远离我了。当然,不是说我变得更有自控力了,而是我开始借用勒温的场论来对付猴子——把手机屏幕设置成了"专注模式",在选定的时间内,如1小时,无论我怎么摆弄,手机的屏幕都只显示时间。除了接打电话和摄像头,其他的功能一律不能用。面对这样的情况,猴子无从下手,也就乖乖地离开了。

你不妨想一想,在工作或学习的过程中,有哪些东西最容易诱惑你分心,导致重要事务被拖延?然后思考一下,可以用什么方式将这些诱惑源移除?比如,你正在实行减肥计划,总是忍不住吃零食，与其让自己忍住不吃，不如干脆把零食筐清空，或是用健康的零食来取代。这样的做法，根本不用调动意志力，就能让及时行乐猴自行远离。

把任务拆到"忍不住动手"为止

◎ 目标分解

> 把复杂困难的任务，分解成一个个简单的、可轻松完成的小任务。这样的做法，不仅可以有效地减少畏难情绪，还能在完成小任务的过程中积累自信和动力。

大脑中那只及时行乐猴，只喜欢做简单的、擅长的事情，但凡某件事需要付出一些辛苦才能完成，它就会立马退缩，怂恿你去做一些可轻易享受到愉悦的事。尽管那不是真正的快乐，只是拖延的保护色。

有什么办法可以减缓猴子的畏难情绪呢？方法很简单，你肯定也想到了，就是把困难的、复杂的事务拆解成简单的、易行的小任务，让猴子感觉它轻轻松松就可以完成。这样的话，它就不太容易退缩，投入行动的概率也比较大。

美国专栏作家威廉·科贝特曾有过一段迷茫的时光，彼时的他迫切地想要在文学创作上有所造诣，如同很多热爱文字的人一样，他渴望写出惊艳世人的"鸿篇巨制"，但具体要从哪个角度入手却是一头雾水，一度陷入绝望和自卑之中。那时的他看似有目标，却不具体。

有一次，威廉在街上遇到了好友，便向他倾诉了自己的苦恼。好友听后并没有安慰他，只是说："去我家坐坐吧。"威廉很是吃惊地看着好友："从这里到你家最起码要走好几个小时啊，恐怕到那之后脚都磨破了。"朋友见状，对他说道："那我们就四处走走散散心吧！"

两人边走边聊，走到了动物园，又走到了大广场，一路上看到了不少景致，不知不觉间竟到了朋友家中。威廉很是困惑。好友对他说："今天走的路你要记住，无论做什么事情，目标要有，但你更要享受这个过程，把目标分割成一个个小段，执行起来就会相对简单。"

听完好友这段话，威廉顿时有了"听君一席话，胜读十年书"之感，此后的他不再焦急地渴望一个巨大的成就，而是设立了一个个很小的目标：如每天要写出多少字、这个月要在哪本期刊上发表文章……把目标细化之后，威廉的生活变得轻松很多、有规律了很多。后来，他也终于写出了著名的《交际》，成了一名优秀的专栏作家。

拆解任务的过程，就是把复杂的问题进行简化的过程。多数人都明白这个道理，但为什么在面对拖延状况时，只有少数人借用这一方法去解决问题呢？原因在于两方面。

（1）拖延重要的事情时，能否意识到拖延的根源是什么？这也是劝退猴子的一个重要方面，你要知道自己在逃避什么，你需要解决的真正问题是什么。

（2）是否掌握了拆解任务的正确方法？能否确保将复杂任务进行简化之后，可以按部就班地实现既定的目标？

拖延是一个复杂的心理问题，对内心感受的觉察需要反复练习，本书在第二章对拖延的根源进行了详尽的阐述，大家可以作为参考。至于如何正确拆解任务，这里推荐两个方法。

·方法1：多叉树法

这是一种类似树干、树枝、叶子的分类法：大目标相当于树干，次级目标相当于分散的树枝，更次一级的小目标（当下要做的事）就是树枝上的叶子。一棵完整的目标多叉树，就是一套完整的达成该目标的行动计划，具体应用时可以分步进行：

Step 1：写下大目标，思考要实现这个目标的条件是什么？

Step 2：列出实现大目标的必要条件和充分条件，即达成大目标前要完成的次级目标。

Step 3：思考要实现这些小目标的条件是什么？

Step 4：列出达成每一个小目标的充要条件。

Step 5：如此类推，直到画出所有的树叶。

> 🔔 从叶子到树枝，再到树干，你需要不断地问自己：如果这些小目标都能实现的话，大目标一定会实现吗？如果答案是肯定的，证明目标拆解已经完成；如果回答是"不一定"，则证明所列出的条件不够充分，还需要补充。

· 方法2：剥洋葱法

> 🔔 剥洋葱法，就是把目标视为一个完整的洋葱，一层一层地剥下去，把大目标分解成多个小目标，再把这些小目标分解成更小的目标，直至具体到此时此刻要做的事务。

任务变简单了，执行起来不太费力，猴子往往就不会抗拒，且达成小目标的喜悦感还会给猴子带来鼓舞，让它有信心和动力继续执行下一个小目标，从而进入良性循环。

用好奖惩机制，更容易驯服猴子

◎ 强化理论

> 强化可以增加行为发生的概率。由积极强化物引起的反应，为正强化（呈现一个愉快刺激，增强反应的发生概率）；由消极强化物引起的反应，为负强化（撤销一个厌恶刺激，增强反应的发生概率）。

美国心理学家斯金纳做过一系列实验：

实验1：将一只小鼠放进箱子里，箱壁的一边有一个可按压的杠杆，杠杆旁边放置了食物盒。小鼠开始有些胆怯，经过多次探索后，在箱内按下了按钮，结果食物落入箱内。有了食物的奖励，小鼠很快学会了按按钮这一行为。

实验2：将一只小鼠放入一个有按钮的箱子里，每次小鼠不按按钮时，箱内就会通电产生电击。小鼠慌张地在箱内乱跳，直至无意间压住按钮，电击才会停止。可一旦停止按按钮，电击又会出现。经过多次探索，小鼠将按压按钮和停止电击建立起了联系。

🔔 借由这一实验，斯金纳提出了"操作性条件反射"

> 理论：人或动物为了达到某种目的，会采取一定的行为作用于环境。当这种行为的后果对其有利时，该行为就会在以后反复出现；反之，该行为就会减弱或消失。奖励是一种积极刺激，可以增加某种行为的发生率；惩罚是一种厌恶刺激，可以降低某种行为的发生率。

在应对"及时行乐猴"的问题上，我们也可以借鉴上述的理论。

· 1. 适当地给予奖励，猴子更容易顺从你的意愿

> 芭芭拉·奥克利在《学习之道》一书中说："我们之前习惯的强大之处在于它能造成神经层面的欲望。想要克服之前的欲望，就要给予适当的奖励。只有当你的大脑开始期待这个奖励时，关键的转变才会发生，你才能养成新习惯。"

当你顺应猴子的天性，让它得到自己喜欢的东西时，它会更容易顺从你的意愿。你不妨列出一个欲望清单，把及时行乐猴喜欢的东西都放进去，比如玩游戏、逛街、买一双新鞋子等。这个欲望清单可以作为奖励机制，在完成一个阶段性的目标之后，给猴子一点儿小奖励，让它体验到愉悦感。

当猴子开始期待奖励时，新的习惯就慢慢养成了，并建立了良性循环。当我们与猴子和平共处，理性决策人成为大脑的掌舵者，而恐慌怪兽长期沉睡时，拖延就慢慢消失了。

·2. 利用厌恶损失

趋乐和避苦都是人的本能，如果把奖励和惩罚放在一起，你觉得哪一个力量更强大？心理学家卡尼曼和沃特斯基提出的"前景理论"，很好地解释了这个问题：

> 人们是基于损失和获益的潜在价值（而不是最终结果）来作决策的，其中损失和获益的价值是根据特定的启发式来衡量的。大多数人对损失和获得的敏感程度不对称，面对损失的痛苦感大大超过面对获得的快乐感。所以，人逃避痛苦的力量远远大于追求快乐的力量。

朱迪制订了减肥计划，预计每个月减重3公斤，但她总是不按计划执行，这让她很苦恼。后来，朋友给她出了一个主意：与志同道合的"减肥队友"来一场赌注，各自设置一个减重目标，没有完成任务的一方要给对方3000元的红包！有了这一奖罚机制，朱迪确实比以前容易控制进食了。毕竟要是为了一时痛快多吃了，不仅完不成目标，还要损失3000元。

总之，奖罚措施是一种承诺机制，学会利用这一原理，有助于让理性决策人重新回归主导地位，让及时行乐猴主动配合。

把截止日期提前，让猴子心存忌惮

◎ 最后通牒效应

> 对于不需要马上完成的事情，我们总是习惯于最后期限即将到来时，才去努力完成。如果给事情设定一个基本的期限，就可以随时随地提醒、促进、激励自己行动，提升做事效率。

柯勒律治是19世纪英国浪漫主义文学的奠基人，有很深的文学造诣。遗憾的是，他是一个有着完美主义倾向的拖延者。

柯勒律治经常会出现这样的状况：跟出版商谈成合作后，为了追求创意和灵感，迟迟不肯动笔；好不容易有了素材，又担心不太理想，于是继续寻找……这就导致一部作品经历很长时间却只完成了极少的部分，他的著名作品《忽必烈汗》《克里斯特贝尔》最终都是以残篇（未完成）的形式发表的。你可能难以相信，从这位文豪动笔到作品发布，时间间隔竟然长达

20年之久。

作家莫莉·雷菲布勒在《鸦片的束缚》中，对柯勒律治进行了这样的描述："他的存在变成一长串延绵不断的借口、拖延、谎言、人情债、堕落和失败的经历……"

为什么柯勒律治会陷入长期拖延的怪圈？有一个重要的原因不容忽视，那就是他从来没有给自己的作品设定过一个明确的"deadline"！

> 目标管理中有一个"SMART"原则，即目标必须是——明确的、可衡量的、可实现的、有相关性的、有时限的。任何目标的实现，都需要一个限定期限，也就是我们常说的"deadline"。如果不设定期限的话，及时行乐猴就会肆无忌惮，因为它知道恐慌怪兽不会醒来，也不会有"deadline"越来越近的紧迫感。

教育专家们做过这样一个实验：让小学生读一篇课文，在不规定时间的情况下，全班同学用了8分钟才读完；当规定要在5分钟之内读完时，全班同学不到5分钟就都读完了。

实验反映了一个普遍的现象：对于不需要马上完成的事

情，我们总是习惯于到最后期限即将到来时才去努力完成。为了减少这样的情况发生，一定要为所做之事设定期限，以便随时随地提醒、促进、激励自己采取行动，提高做事效率。

> 既然我们都有能力或潜力在"deadline"来临前完成任务，那么不妨对这个截止日期进行人为的调整，利用危机感给猴子一点儿震慑和牵制，让它有所忌惮。只不过，"deadline"的时间设置不能太靠前。如果时间太过紧张，很难保证高质量地完成任务；另外，如果猴子感觉压力过大，产生畏难情绪，很容易直接落入拖延怪圈。

Part 4

行动的发条

培养 WOOP 思维,冲破行动的阻碍

为什么过分乐观会阻碍行动

◎ 快乐原则 VS 现实原则

> 弗洛伊德提出,人的心理过程服从两种倾向:快乐原则与现实原则。快乐原则追求本能需求的满足,一切会引起痛苦的行为都会被拒绝或压抑;现实原则是考虑条件来获得驱力的满足,是修饰过的"快乐原则",它可能会延迟快乐的满足。

谁的生活都不是一条直线,总会有凌乱的小岔子,偶尔一两次的拖延,也是情有可原的。如果次次都拖延,最快也要超过"deadline"十天才能交稿,甚至拖上一个月,就不能怪人家不讲情面了。广告工作室的老板,由于无法忍受阿星的重度拖延,扣了他的设计费,并与他彻底解除了合作关系,以后都不想再与他有交集。

阿星的情况,完全就是拖延怪圈的真实写照:

(1)刚接到任务时,状态特别好,能够根据要求迅速出方案。

（2）方案通过后，按部就班地做上3~5天，状态很好，且工作质量和效率都很高。

（3）获得对方认可后，思想和行动开始松懈。他认为前面的一切进展得都很顺利，说明自己有能力驾驭这项任务。况且，完成方案和前期的内容，花费的时间并不多，即便现在偷一点懒，后期也可以补回来。

（4）临近截止日期，越来越焦虑，加班加点。他主观认为自己能赶上，但客观事实是精力体力有限。失控感越来越明显，在"deadline"来临之前，向对方道歉并请求宽限交稿时间。

（5）获得时间宽限后，感觉重拾掌控权，又开始懈怠，再将自己逼到绝境。

（6）递交一个"虎头蛇尾"的差稿子。

（7）要么别人来修改，要么自己返工。

纵观阿星的拖延过程，我们几乎可以看到所有提到过的拖延思维，比如：太高估将来的自己、期待临近"deadline"能有奇迹发生、对主观时间和客观时间存在错觉。除此之外，还有一个重要的因素，那就是过度乐观，或者说盲目乐观。

刚接到任务时，阿星很重视这件事，态度也很认真。此时的他，心里隐藏着一种忧虑：要是不认真做，方案得不到合作方的认可，他就无法承接这个项目。为了成功拿下这个项目，他必须展现出自己的最佳实力。待方案通过后，阿星心里的忧虑就打消了，认为志在必得。

仔细对照，是不是觉得和《龟兔赛跑》的故事如出一辙？兔子是跑步健将，认为自己必胜，跑到了半路就开始呼呼大睡。乌龟行动缓慢，但它一步一步持续不断地往前走，最后悄无声息地超过了熟睡的兔子。兔子是输在能力上吗？当然不是，它是输在过分乐观上了。

> 心理学家迈克尔·施莱尔与查尔斯·卡弗穷尽一生都在研究乐观，他们总结道："太过乐观也会有消极影响，人们可能会因乐观而一事无成。举个例子，过分乐观可能导致人们不采取行动，坐等天上掉馅饼，从而减少了成功的机会。"

很多拖延者犯过这样的思维错误，低估完成任务所需的时间，比如写论文、选礼物、做设计图，这些事物花费的时间远比想象得要长。可惜，人总是习惯通过回忆去预测未来，而回忆又会自动把完成任务花费的时间缩短，屏蔽掉过程中的诸多阻碍与艰辛。当人们真的把所有事情都留到最后做时，才发现时间已经不够了。

> 心理学教授加布里埃尔·厄廷根指出：积极思维

> 在某些时候的确有助于激发行动,但它并不总是有效的。在与以往经历脱离的情况下,乐观的幻想、希望可能会成为行动的阻力。因为当我们进行乐观幻想时,大脑有时会误以为梦想已经成真,进而享受愉悦的体验,让我们感到放松。同时,它还会扭曲我们对客观信息的搜集,让我们找不到真正能够被实现的梦想。

如果脱离现实,对未来盲目乐观,不仅无法实现目标,还会陷入拖延怪圈。正如弗洛依德所说,我们需要启用现实原则,即在寻找最好路径实现自己的目标时,必须直面事实。现实原则的启动,标志着个体摒弃了幼稚与冲动,能够切实地认识到为了达成目标要付出怎样的代价。这就要求我们必须预估,哪里会出问题,以及如何避免或解决这些问题。

WOOP 思维 = 心理比对 + 执行意图

◎ WOOP 思维

> WOOP思维由"心理比对"与"执行意图"组合而成,有助于我们在幻想未来的同时,充分考虑现实

> 障碍。当障碍出现时，可以明确地投入精力，用预先制订好的方案去应对。

为了解决过度乐观的问题，加布里埃尔·厄廷根教授以二十多年的科学研究为基础，提出了一种全新的思维工具——WOOP思维。

WOOP思维由"心理比对"与"执行意图"这两种心理学思维组合而成。

·心理比对：幻想未来的同时，充分考虑现实障碍

当我们把愿望和障碍联系在一起后，就会客观地思考愿望的合理性，并改变对障碍的看法。如果愿望有可能实现，我们会更有动力去执行；如果愿望不切实际，我们可以趁早放弃，寻找可实现的新目标；期间遇到批评或反对的声音，也可以更好地面对。

> 心理比对的意义，在于帮助我们选择靠谱的目标，并以实际行动去克服障碍。

·执行意图：围绕实现愿望的目的，打造明确的意图

许多计划无法突显效用，原因在于只停留在笼统的概念层面，大脑不知道该在什么时候、什么地点做些什么。为此，我

们需要在大脑里预埋行动线索：如果……我就……把实现愿望的过程分成两个阶段，先衡量各种可能性并确定目标，再为实现目标制订行动计划。

心理比对和执行意图之间的关系是互补的。心理比对是在人的头脑中，把愿望和障碍联系起来，从而在认知层面上让人作好实现愿望的准备。当障碍出现时，人就可以明确地投入精力，用预先制订好的方案去应对。

那么，WOOP思维具体该怎样运用呢？WOOP思维有四个步骤。

- **Step 1：W——（Wish）明确愿望：你有什么样的愿望？**

希望能在3个月的时间里，减掉10公斤，达到理想的体重。

- **Step 2：O——（Outcome）想象结果：愿望实现后的最好结果是什么？**

不再局限于只能穿大码衣服，可以有更多的选择；身材看起来会更修长、更健美；养成了良好的饮食习惯、运动习惯，同时学会了如何调节心态，可以很好地跟负面情绪相处，让自己远离情绪性进食，远离肥胖。

· Step 3：O——（Obstacle）思考障碍：你会遇到哪些困难？何时、何处？

困难1：情绪性进食，每当焦虑不安时，就想吃东西，这是导致热量超标的重要原因。

困难2：没有养成运动的习惯，经常会犯懒不想动。

困难3：过分关注体重变化，影响减肥的信心和动力。

· Step 4：P——（Plan）制订计划：遇到困难，你会怎么做？

解决方案1：因为情绪问题想吃东西时，就问问自己"你是真的饿了吗？"如果不是因为生理性饥饿想要进食，就去户外散散步，让自己平复情绪。如果特别想吃某一样食物，就告诉自己"少吃一点儿，好好品尝它的味道！"

解决方案2：如果今天不想跑步，就改成走路30分钟；如果不想做有氧运动，就做一些哑铃训练、核心训练。

解决方案3：如果发现体重没有下降，就提醒自己"人不是机器，体重也不可能是直线下降的"，鼓励自己继续坚持，不因小失大就是在靠近成功。

以上就是借助生活中最常见的实例对WOOP思维运用的演示，即挖掘到内心深处最渴望达成的愿望，想象达成愿望后的情景，越具体越好；思考达成这一结果的障碍有哪些，也是越具体越好，然后针对这些问题制订出相应的解决策略。

学会了WOOP思维之后，是不是就能彻底改变了呢？很遗憾，没那么简单。

想让一种全新的行为模式持续下去，让坚持变得毫不费力，绝对不是靠意志力实现的，而是要把它培养成习惯，这才是避免失败的关键。关于培养习惯、触发行动的方法，很快我们就会讲到，你现在要做的就是——继续看下一节。

把内心的愿望，转化成具体的目标

◎ SMART原则

> 目标必须是具体的(specific)、可衡量的（measurable）、可实现的（attainable）、与其他目标相关的（realistic）、有时间限制的（time-bound），即遵循SMART原则。

WOOP思维的第一步是明确"Wish"，这看起来似乎是挺简单的事，谁的内心没有一点儿美好的愿望呢？实际上，这个"Wish"并不是指随心所欲的想法，而是指可实现的、明确的目标。愿望只是一种抽象欲望,而目标必须是一个具体的行为。

据美国劳工部统计,每100个从事高薪职业——如律师、医生的美国人当中,只有5个人活到65岁时不必依靠社会保险金,无论他们在最具生命力的年龄中获得怎样的收入,都只有如此少数的个人能获得经济上某种程度的无忧无虑。

为什么会这样呢?

> 拿破仑·希尔指出:大多数人都幻想自己的生命是永恒的,他们浪费时间、金钱和心力,从事所谓的"消除紧张情绪"的活动,而不是从事"达成目标"的活动。

多数人每周辛苦地工作,赚够了钱,就在周末将其全部花掉。他们盼着在遥远未来的"某一天"退休,在"某个地方"望着美景,过着无忧无虑的生活。如果问他们要如何达到这个目标,他们就会说一定有"某种"方法的。

许多人之所以无法实现自己的愿望,原因就在于,他们缺少了把愿望转化成具体行为的过程。换句话说,他们从来没有真正定下过明确的目标,一切都是模糊不清的!

想让WOOP思维工具发挥出实际效用，帮助我们对抗拖延、提升行动力，从一开始就不能把"Wish"设立成一个不切实际、模棱两可的想法，而是要设立成一个清晰的目标。

丹·希思的著作《瞬变》里讲到了一个与目标相关的经典实例。

西弗吉尼亚大学的两位教授一起思考了一系列问题：如何说服人们接受更加健康的饮食方式？提醒人们合理地选择食材？尽可能地减少外食？具体从哪一餐开始控制饮食？他们能想到的方法有很多种，但它们普遍存在一个问题——执行难度大！

经过几轮头脑风暴后，两位教授把焦点放在了牛奶上。他们发现，如果美国人把全脂牛奶替换成脂肪含量低于1%的脱脂牛奶，饮食中饱和脂肪的摄入量很快就可以降到美国农业部建议的数值。可是，具体该怎么做呢？

通常，人们都是家里有什么牛奶就喝什么牛奶，无所谓全脂还是低脂。所以，最简便的解决方法就是，改变人们的购买行为！于是，两位教授开始在当地的社区进行专项宣传活动，并检测活动覆盖地区的八家商店，记录牛奶的销售数据。

实验结果显示：经过一系列的活动，低脂牛奶的市场份额大幅度提升！为此，两位教授得出结论：当全新的饮食习惯要求越明确，人们接受改变的可能性越大！

> 丹·希思讲述的这一案例,指出了这一问题发生的原因以及解决策略——没有明确的要求,很难做出改变;想要投入行动,必须指出明晰的目标。

什么样的目标才是有效的呢?我们可以参考目标体系的SMART原则。

· S(specific):明确性,不能泛泛而谈

明确性,就是要用具体的语言,清楚地说明要达成的行为标准。

(×)我要养成多读书的习惯!

(√)每周读完1本书,本周的目标是《思考,快与慢》。

· M(measurable):衡量性,需要数量化

衡量性,就是目标必须明确,要有一组明确的数据,作为衡量是否达标的依据。

(×)为新员工安排进一步的管理培训。

(√)在10天内完成对所有新员工的安全生产培训,课后测评85分以上为效果理想,测评85分以下为效果不佳。

· A(attainable):可实现性,不好高骛远

可实现性,就是通过现有的时间规划和执行力,确保可以

实现的目标。

（×）目前体重160斤，本月减重30斤！

（√）目前体重是160斤，本月减重10斤！

· R（realistic）：相关性，与其他目标有关联

相关性，就是实现此目标与实现其他目标的关联情况。如果这个目标的实现，与其他目标的实现不相关或者相关度很低，则意义不大。

（×）我是公司客服，渴望提升工作能力，我打算学习编程。

（√）我是公司客服，提升英语水平直接关乎着我的服务质量。

· T（time-bound）：时限性，完成目标的期限

时限性，就是目标设置要有时间限制，预设完成目标所需的时间，并定期核查进度，及时根据情况做出调整。

（×）我准备带孩子去看看世界。

（√）今年7月中旬带孩子去桂林，上半年要准备出2万元的旅行费用。

现在，请试着把你的"Wish"与SMART原则对照，看看它是否清晰明确。

跨越"想做"与"做"之间的鸿沟

◎ 福格行为模型

> 福格认为,如果某件事情你始终做不到,那一定是动机、能力与提示三个要素没有同时发挥作用。如果你能让动机、能力和提示这三个要素同时满足,你就会发现,行为改变轻而易举。

依依计划隔天跳40分钟的健身操,可是一个月下来,她完成的次数屈指可数。

每次跳操之前,依依都要进行一番激烈的心理斗争,到底是跳还是不跳?结果,80%的概率都是后者占据上风。其实,依依也不是完全不想跳,不然她就没必要给自己制订这个目标,无奈的是,她总在跳操这件事上拖延。

我建议依依做一个记录:当拖延发生时,你在想什么?

记录1:"我现在的身体还算健康,身材也说得过去……"

24岁的依依,身体状况良好,平时很少生病,身材也算苗条。所以,没有迫切要解决的问题催促着她去跳操。人都是趋乐避苦的,可做可不做的事,自然倾向于后者。

记录2:"今天太累了,实在没有力气再跳操了。"

依依没有撒谎,前一周给客户出方案,连续加了3天班,周末也变成了单休。回到家后,依依感觉精疲力尽,根本完不成40分钟的跳操运动。

记录3:"沉浸在赏美图、看穿搭的快乐中,完全忘了跳操的事。"

沉浸在一款有趣的游戏里,或是追一部精彩刺激的剧,抑或是被其他事物吸引,从而忘记了去做另一件重要的事,这样的情况在生活中经常会发生,依依并不是特例。

结合依依的记录,回顾她拖延跳操的原因,大致可归纳为以下3点:

> (1)完成跳操计划的动力不足,没有迫切想要完成它的动机。

> (2)时间、精力和体力有限,不足以支撑她去完成40分钟的跳操计划。

> (3)没有执行跳操计划的提示,如闹铃、便利贴提示等。

如果解决了这3个关键问题,是否能够帮助依依改善拖延,养成规律运动的习惯呢?

答案是肯定的,因为这些因素,恰恰是"福格行为模型"

的三大构成要素。

终结拖延的直接武器是采取行动,然而在"想做"和"做"之间却隔着一道艰难的鸿沟,一旦越过了这道鸿沟,拖延的模式就将被打破。福格行为模型,解决的正是这一问题。

> 福格行为模型是斯坦福大学的福格博士提出的,这一模型理论也称为 B = MAP,其中 B 代表行为(Behavior),M 代表动机(Motivation),A 代表能力(Ability),P 代表提示(Prompt)。福格认为,当动机、能力和提示同时出现的时候,行为就会发生。动机是做出行为的欲望,能力是去做某个行为的执行能力,提示是提醒人们做出行为的信号。如果其中任何一个要素没有出现,个体就可能不会做出某个行为。

・动机(Motivation)

> 许多人误认为,动机是行为改变的真正驱动力,但事实并不是这样。因为动机是一个复杂又善变的家伙,时刻都处在波动中,且多数波动是不可预测的。

当动机很强时,无须依靠提示,我们就会采取行动,还可能完成更困难的行为。然而,在动机水平一般时,我们就只会去做那些容易完成的行为。因此，想要依靠动机实现长期的改变，往往都会失败。强烈的动机只适合去做一次就能完成的真正困难的事，但高水平的动机很难维持，这也是会出现"三分钟热度""虎头蛇尾"的重要原因。

如果你以前只关注动机，那么现在希望你能够明白，想获得持久的改变，仅仅依靠动机是不行的，你很难维持它，也无法对它进行可靠的操作或设计。这与自律无关，也不是性格缺陷，而是人的本性。

·能力（Ability）

动机是做出行为的欲望，能力是去完成某个行为的执行能力。动机不可靠，但能力是可靠的，也是支撑行为发生改变的关键因素。很多时候，我们没能完成某一项计划，没能坚持做某一件事，不是我们不想做，而是完成这项任务需要的能力值太高了，难度太大了。

> 想要养成新的习惯，调整能力值，让事情变简单，是相当靠谱的做法。试想：当一件事情容易到，在你最忙碌、最没有动力、状态最不好时，都确保有能力完成它，你还会抗拒吗？也许，就只是"顺便做一下"那么简单！

不管是追求大改变还是小改变，从简单的小事做起都是一个绝佳选择。遵循"微小"原则，可以创造持续性；坚持"微小"，也能让新习惯变得牢固。

·提示（Prompt）

> 在福格行为模型中，动机和能力是持续存在的，而提示是稍纵即逝、非此即彼的。换句话说，要么你注意到它，要么你忽略它。如果你没有注意到提示，或是提示没有适时出现，无论动机和执行能力多么强烈，都很难让行为发生。

举个最简单的例子：手机铃声响起时，你有接听电话的动机，接电话的行为也只需要用手指轻轻向上一滑。然而，提示是稍纵即逝的，如果你没有听到电话铃声，自然就不会去接听。同样，你也可以消除这个提示，阻止接电话的行为发生。

想要高效地改变自身的行为，培养良好的习惯，学会使用福格行为模型至关重要。只要对行为的运作模式有了清晰的认识，就可以更好地解读自己的行为，这是一项强大的技能。起码，现在的你已经知道，试图利用动机让行为发生的做法是错误的。

正确的思路是，先从提示入手，检查一下是否设置了完成某项活动的提示。如果这一步没有效果，再去检查行为能力，为什么你没有准时去做那件事？是不是难度太大了？做出调整后，如果问题还是没有解决，再去解决动机的问题。绝大多数情况下，只要找到一个好的提示，或是让行为更容易做到，就能够解决行为问题。

给任务添加背景，设计行为提示

◎ 锚点时刻

生活中某个可以提醒你执行微行为（你的新习惯）的既有日程，就是锚点时刻。为了让大脑记住新的习惯，你可以牢记一个通用的行动提示"配方"：在……之后去做……

下面是几组对同一任务的不同描述：

·第1组：

○ 读书。

○ 晚饭后，阅读书籍《思考，快与慢》。

○ 晚饭后，利用站立半小时的时间，阅读书籍《思考，快与慢》15页。

·第2组：

○ 运动。
○ 早起有氧运动30分钟。
○ 早起刷牙后，在楼下广场跑步（或跳绳）30分钟。

·第3组：

○ 给房产经纪人打电话。
○ 明天上午10点，给房产经纪人打电话。
○ 明天上午10点，给房产经纪人打电话，利用10分钟时间阐明购房的诉求。

看完上述内容，对比不同的描述，你有什么样的感觉？

是不是仅看"读书""运动""给房产经纪人打电话"这样的简单描述，感觉很空洞，甚至觉得它无足轻重？然而，在给任务加上了执行时间的状语后，比如"晚饭后，阅读书籍《思考，快与慢》"，是不是会感觉思绪变得清晰了一点儿，知道该在什么时间去做这件事？

当我们把上述的三项任务加上了特定的执行时间，以及具体要做的内容后，这些任务就变得非常"生动"了。因为任务有了背景信息，我们可以知道要用多长时间去完成这项任务，它有多重要，以及它和哪些大目标相关，且知道是否需要获取某些资源来处理这项任务。

从福格行为模型的角度来说，这是设计提示的一种方式。生活中常见的提示有三类：人物提示、情境提示和行动提示。

·人物提示

这类提示主要是依靠内在去完成行为，身体的本能就是最自然的人物提示，身体会提醒我们做出本能的反应，如肚子饿、想上厕所、疲累等。但是，如果行为无关本能或生存，人物提示就不太理想了，因为人类的记忆不够可靠，很容易就忘记了。

·情境提示

周围环境中的任何事物，都可以作为采取行动的提示，如便利贴、闹铃等。不过，这类提示比较适用于单次行为（如预约挂号），用于培养习惯的话，这个方法不是最佳选择。

情境提示有时是奏效的，有时也可能会带来压力。如果设置的情境提示太多，甚至还会适得其反，让人变得迟钝，无法注意到提示，或是对提示视而不见。

·行动提示

行动提示，就是将已经在做的行为当作提示，以此来提醒你为培养新习惯采取必要的行动,是将微习惯和行为结合起来的方式。相比人物提示和情境提示,这类提示的效果是最好的。如果你想培养某种习惯,就可以从当前的日程中找到正确的锚点(生活中那些已经稳固的事情)作为提示。这就相当于为行为做了一个排序,你可以清晰地知道,在一个行为之后会发生什么、需要做什么。

纵观上面列举的几组任务,添加了背景描述的任务,基本上都是采用了"行动提示"的方法,其模式也是雷同的,即"在……之后,做……",将任务安排在了一个惯常的行为之后,把新行为和既有习惯结合起来,毫不费力地将它们融入生活。如果你总是拖延去健身房锻炼的时间,你可以这样来设计提示:每天早上送孩子上学后,直接去健身房。

> 纽约大学心理学家彼得·戈尔维策说:"当人们预设好决定时,就把行为控制权交给了环境。"行动提示的价值在于,事先预设了决定。如果我们压根就没有预设好"要去健身房"这个决定和任务,那么行动提示就是无效的。所以说,行动提示无法强迫我们去做自己根本不想做的事,它只能激励我们做自己知道必须做的事。

利用"锚点"来设计提示是一个很好的选择，任何人都可以做到。如果你不想再拖延一件事，不妨为这项任务设定一个行动提示——在……之后去做……试试看，相信你会有不一样的体验。

从简单到不可能失败的小事开始

◎ 微习惯

> 微习惯，就是微小的积极行动，小到不可能失败，从而感觉毫无压力。

有了行动提示，知道该在什么时间去执行什么事情，是否就可以将这种行为逐渐变成习惯了呢？答案是——不一定！如果这个行为比较困难，就会导致行动受阻。

> 从福格行为模型的角度来说，能力是维持习惯最为关键的要素。想要让行动发生，最好的办法就是降低任务的难度，最好让它简单到不可能失败，就算没有动机也可以做到。

如果你在明确行动计划后，却总是在行动提示之后未能顺利执行，那么你应该做的不是自责和懊悔，而是扪心自问：是什么让这个行为难以做到？

福格认为，答案可能涉及以下五个能力因素：

（1）你是否有足够的时间？
（2）你是否有足够的资金？
（3）你是否有足够的体力？
（4）这个行为是否需要许多创意和脑力？
（5）这个行为符合你现在的日程吗？还是需要做出调整？

上述的五个因素构成了一条能力链，能力链的强度取决于其中最薄弱的一环。

还记得依依的案例吗？她给自己制订了每天跳健身操40分钟的计划，可是执行效果很差。原因在于，她只有想跳操的动机，却没有行动提示，更重要的是，跳40分钟健身操的难度太大，只有在动机非常强烈时才可能达成。

对依依来说，在家跳操不需要花钱，也不太需要创意和脑力，最大的阻碍就是时间和体力，一旦遇到了加班的情况，整个人疲惫不堪，完成运动的难度就更大了。所以，她需要调整自己的日程安排，将跳操这件事放在晨起后，运动时间从40分钟降低到5分钟的拉伸!

对,你没看错,就是5分钟!早晨的时间再紧张,5分钟也是可以抽出来的;就算前一天比较累,早起做做拉伸动作,也是不难的。

也许你会质疑,晨起运动5分钟,是不是太短了?能达到运动的效果吗?

这并不重要,重要的是告别停滞不动的状态,开始把运动这件事融入生活中。相比过去而言,她成功做到了每天运动,对不对?重复这个行为的次数越多,她就越熟练,而由此产生的成功感也会激励她在第二天继续做这件事。通过一次又一次地重复微小行为,让它扎根于日常生活中,能力链中的薄弱环节就会变得越来越牢固。

也许你还有疑惑,依依需要多久才能实现跳操40分钟的初始愿望?

> 习惯和植物有相似之处,会按照自己的速度以不同的方式长大。通常来说,习惯形成的时间取决于三个要素:执行习惯的人、习惯本身和情境。因此,没有人可以给出明确的时间,说某个习惯究竟需要多久才能完全成形。

改变需要过程，假设依依在历经一个月后，把每天晨起运动的习惯延长并保持在15分钟，那就已经很不错了。再让她延长时间，她可能就要调动意志力，这会让她感到辛苦并丧失兴趣，这两者都会削弱习惯的生长。

大物始于小，培养习惯也是同样的道理，从小处和简单处着手，习惯成自然，就会根植于生活，自然地成长。现在，你可以结合自己的实际情况，把某一件你一直想坚持做，却又没有实现的事情，用微习惯策略来进行设计，尝试把它自然地融入你的生活之中。

准备工作太烦琐，会降低行动欲望

◎ 减半法则

> 应对拖延，开始做比做多少重要，完成率比完成度重要。如果最初制订的目标你完不成，可立刻将任务量减半；再完不成，可继续减半，直至目标小到轻而易举就能完成。正向激励，会让你进入良性循环。

辰辰喜欢运动，特别想学习瑜伽。当附近的工业园区里开设了瑜伽馆后，她立刻给自己办了一张年卡。尽管辰辰对练瑜伽这件事情存在很强的动机,可她并没有避开拖延的处境。

刚办完卡的第一个月,她还能坚持每周去4~5次,可从第二个月开始,她去瑜伽馆的次数明显减少了。是三分钟热度吗?也许有人会这样想,但这并不是问题的根源。

真正的问题在于,去瑜伽馆之前要准备衣物、洗漱用品,且辰辰从家里到瑜伽馆有3公里的距离,公交车不便利,有时需要等好一会儿。一想到这些"麻烦事",辰辰的热情就被浇灭了一半,呆坐在沙发上反复纠结:到底是去,还是不去?

瑜伽是辰辰喜欢的,运动后的畅快感也是辰辰渴望的,为什么想要做一件事的意愿如此强烈,却还是会拖延呢?

> 开始任何一项活动之前,都需要进行准备工作,只有激活能量迈过这一"入门障碍",才可能真正地投入行动中。哪怕这项任务或活动是我们喜欢的,如果迈不过这道"门槛儿",拖延还是会发生。

面对一项要完成的任务或活动时,不能只想到"活动本身"和"活动结果",还要考虑到"活动准备",因为准备工作具有消耗性,且经常会成为阻碍行动开始的巨石。

如果我们对这项活动原本就存在厌恶情绪,没有动机,只是想要享受做这件事带来的好结果,比如"讨厌运动,只想通过瑜伽获得好身材",那么在遇到"要准备好多东西、要搭乘公交车才能抵达瑜伽馆"的入门障碍时,行动就会变得更加艰难!假设瑜伽馆就在辰辰家的楼下,她还会为"出门"发怵吗?

> 开始一项活动是否会让我们感到快乐,取决于准备阶段需要付出的努力程度。如果不用付出太多努力就能做到,就可以提升行动的意愿;反之,即便是愿意做,也有能力做,也会因为准备工作太复杂、太辛苦,而让行动化为泡影。

对于辰辰来说,她可以适当"简化"一下去瑜伽馆之前的准备工作:

(1)提前一天把需要的物品整理好,力求做到拿起东西就可以出门。

(2)改变出行方式,把搭乘公交换成骑单车,既可以作为热身运动,又掌握了主动权。

如果这些调整能够让辰辰感觉"行动变得简单"了,那就说明方法对她是奏效的。倘若她还是感觉去瑜伽馆比较"麻烦"，也可以考虑转让瑜伽卡，回归到以往的运动方式，如：晨跑或夜跑，跳健身操或跳绳，或者购置一些健身器材，更进一步简化准备工作。

如果很想学习瑜伽，也可以购买视频课程在家练习，待附近有更合适的瑜伽馆或健身房开业，再考虑去上课。简单来说，去瑜伽馆不过是完成运动的一个场所或途径，而辰辰要关注的重点不是在哪儿运动，而是怎样以最适合自己的方式去练习瑜伽、保持运动的习惯。

回顾一下：你是否存在因为准备工作过于烦琐导致拖延的情况？如果有的话，你也可以尝试根据自身的实际情况做一些调整，简化行动前的准备工作。

5 分钟 or 5 秒钟，打破停滞的状态

◎ 心理控制点

> 你越是相信自己能够掌控生活、行为和未来，你就会越快乐、越成功。有一件事情可以确保增加你对生活的掌控感，那就是对行动的偏爱。

当你满脑子都在纠结"要不要去做""做了会怎样""不

做会怎样"时,最终占据上风的决策往往是"不做",哪怕知道做一件有益的事可以带来积极的结果,可眼下的舒适状态,实在让你难以舍弃和脱离。

当然,这并不是你的错,而是大脑的惰性本能决定的。

> 由于改变会带来不确定性,及时行乐猴又只想获得快乐,不会把当下的行为和最后的积极结果联系在一起,因此它会极力抗拒改变拖延的状态;即便理性决策人反复地进行分析论证,也拗不过猴子抗拒的力量。

怎样才能打破这种停滞的模式,少一点儿纠结犹豫,投入行动中呢?

方法很简单,简单到让你忍不住怀疑——只需要5分钟or 5秒钟,就可以终结这种状态。现在,我们就来了解一下这两个行动法则。

·5分钟行动法则

宽敞明亮、一尘不染的房间,无疑令人感到舒适;但收拾整理的过程,却令人备感辛苦。要是一段时间都没有进行打扫,看见房间里的杂物越来越多,衣服胡乱地堆叠在柜子里,厨房的灶台面污渍斑斑,透明橱窗的架子上落了厚厚的灰尘,

Part 4 • 行动的发条
培养 WOOP 思维，冲破行动的阻碍

我们不免会感到"头大"，不知道该从哪儿下手，要花费多大力气，才能把房间彻底打扫干净。

面对这一常见的生活烦恼，家务达人马拉·西利提出了"5分钟房间拯救行动"：

（1）拿出计时器，定时5分钟。

（2）来到最脏最乱的房间，按下计时器，开始收拾。

（3）定时器一响，立马停工。

是不是很简单？可别小看这简单的5分钟，这相当于一个小小的里程碑。

> 就那些推迟的事件而言，最远的距离往往不是从1~10，而是从0~1！为此，我们需要设置一个微小的任务，看见"0变成1"，体验到有所进展的感觉，就有了继续前行的动力；打造早期的成功，就是在打造希望。

5分钟行动法则包含以下两个部分。

·第一部分：启动

无论一项事物多么困难、复杂和深奥，从中挑选出最简单的一部分，然后只做5分钟。5分钟之后，可以选择放弃，也可以选择继续。

·第二部分：升级

升级涉及两个部分，一是延长时间，二是增加难度。

当你顺利地做完5分钟后，告诉自己，对那件最简单的事情，再做5分钟。5分钟之后，你可以选择放弃，也可以选择继续。5分钟结束后，可以重复这一过程，将时间延长到10分钟、20分钟、30分钟，直至把这件事情做完。

当你顺利地完成了最简单的那件事情，或是一件事情中最简单的部分，接下来你可以选择做更难一点的事情，直至完成最困难的事。

> 要让不情愿的自己从拖延的状态中跳出来，缩小改变的幅度是关键。5分钟法则之所以有效，正是因为它降低了行动的阻力，既不需要付出太多的时间和精力成本，又可以随时选择放弃，哪怕事情没有做完，也不会产生心理负担。

多数情况下，当5分钟结束后，我们会惊喜地发现，原来这件事情也没有想象中那么难，这种积极的体验会形成连锁反应，提升我们继续把这件事情做下去的动力。

·5秒钟行动法则

国际畅销书作家梅尔·罗宾斯，曾面临人生的四面楚歌：

事业陷入瓶颈，婚姻亮起红灯，丈夫几近破产。当时的生活太过艰难，心灰意冷的她，对任何事都丧失了兴致，以至于每天起床时，都要经历一场自我斗争。

忽然有一天，她看到了NASA（美国联邦政府的一个政府机构，负责美国的太空计划）发射火箭时会进行倒数计时5、4、3、2、1，这一刻她忽然受到了启发，她想："明天我要准时起床……像火箭一样发射。我要在5秒之内坐起来，这样我就没时间踌躇退缩了。"

令梅尔·罗宾斯感到震惊和欣喜的是，她真的做到了。

尝试了数次后，她发现成功克服赖床就像一个启动机制，让自己的生活和工作都发生了微妙的变化，并逐一改善了因行动力不足导致的各种问题。她从一个颓废的重度拖延症患者，逐渐成为一个有行动力的人。后来，梅尔·罗宾斯尝试把自己的经验分享给他人，最终登上了TED的演讲舞台。

> 梅尔·罗宾斯亲身验证了"5秒钟法则"是行动心法，是甩开拖延惯性的"发起仪式"，这种心理干预策略能让人从空想中抽离，克服拖延，夺回对自己的控制权。

也许你会心生疑问：只是简单的一个倒数计时，真的能让人发生这样的改变吗？这到底有没有科学依据？答案是肯定的。梅尔·罗宾斯在TED演讲中提到过:"你想改变你人生中的任何一个领域时,都有一个不得不面对的事实,那就是你永远不会感觉想去做。"

我们都习惯安于舒适区,但这种做法最大的问题是,我们总是告诉自己"这样挺好",即使得不到最想要的那个东西也会告诉自己"没有它也没什么关系"。我们的内心渴望改变,却不愿逼迫自己,这就是我们一直待在舒适区的原因,也是拖延行为的症结。

> 梅尔·罗宾斯提倡的"5秒钟法则",切断了"纠结犹豫"的线路,在有了达成某个目标的行动直觉时,直接制造一个"发起仪式"——倒数计时:5、4、3、2、1。它的出现会刺激大脑的前额皮质——负责行动和注意力的部分,促使我们做出行动。

YOYO想踏上椭圆机开始40分钟的有氧训练,但她通常不会马上就去做,而是会进行一番激烈的思想挣扎:晚点儿再运动行不行?我能不能坚持下来?之后,她就可能把这件事往后拖,甚至放弃这一天的训练,安慰自己说休息一下也无妨。

在这件事情上,YOYO的需求是通过运动换得健康的身体,但这种需求与行动之间,却不是直接关联的关系,它们中间还隔了一层"YOYO的感受"。后来,YOYO开始练习运用"5秒钟法则",在产生需求的那一刻,她立刻进行倒数计时:5、4、3、2、1,踏上椭圆机!感受被刻意屏蔽了,需求与行动则被直接关联起来。

> 其实,需求与行动之间的关系很简单,借助行动满足需求。只不过,在没有形成习惯之前,我们每做一件事情,大脑都需要反复思考,待消耗意志力后,才能够做成一件事。当我们长期借助"5秒钟法则"省去"思考"步骤,直接去行动,最后就会将其变成一种自发模式。这个时候,就用不着调动意志力去执行了。

Part 5

清单的运用

减轻大脑的负担,提高行动的效能

绝不拖延
战胜焦虑、懒惰与混乱的心理学

学会用清单，告别混乱无序的状态

◎ 清单

> 清单，就是把一段时间要做的事情，或者某一项工作的基本原则和关键节点，条分缕析地写下来，并严格按照清单推进，将成功的可能性提升至最大。

当下面这些事情交织在一起，全部浮现在你的脑海中时，你会有什么感觉？

○ 客户来催，得赶紧制作报价单。

○ 听说新上映的电影不错，好想去看啊！

○ 春天来了，气温越来越高，要收拾冬季的衣物了。

○ 每周一期的周报，一点儿思路都没有呢！

○ 客户赵女士要的材料，到现在还没有寄出！

○ 新来的家庭成员——小狗皮皮，要打防疫针了。

○ 电表已经闪灯了，再不去买电，就得断电了。

○ 完了！下周有线上会议，需要准备发言稿。

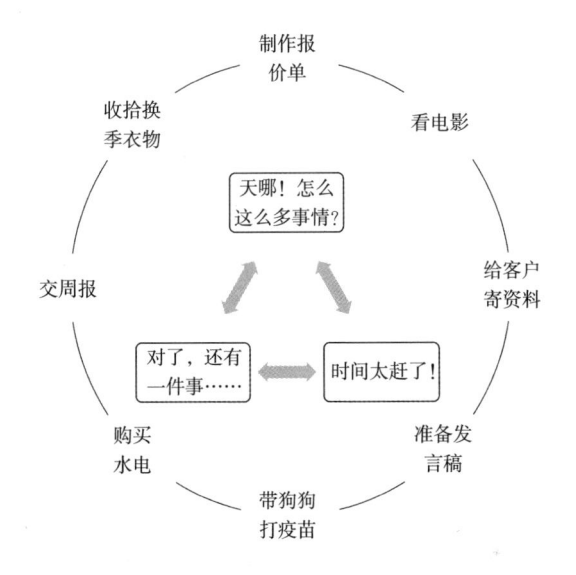

○ ……

```
            制作报
             价单
   收拾换              看电影
   季衣物
        ┌─────────┐
        │天哪！怎么│
        │这么多事情？│
        └─────────┘
            ↕  ↕
   交周报                 给客户
                          寄资料
   ┌──────┐     ┌────────┐
   │对了，还有│ ←→ │时间太赶了！│
   │一件事……│     └────────┘
   └──────┘
     购买              准备发
     水电              言稿
           带狗狗
           打疫苗
```

这个必须做，那个也得做，大脑快被挤爆了，时间一分一秒地溜走，紧张焦虑瞬间暴增，却不知道该从何下手。这种混乱无序的状态让人无所适从，更糟糕的是，望着这一大堆要做的事，内心实在犯怵，完全提不起精神去做，眼睁睁地看着拖延降临。

怎样才能终结这种混乱无序的状态，让头脑变得清晰且富有条理，提升自己的行动力呢？

每一个被事务缠身又备受拖延困扰的人，几乎都在找寻答案。相信你也努力尝试了不少办法，无论在此之前你是否了解过,我都想把它介绍给你——清单工作法。

当一堆事务胡乱地充斥在头脑中时,不仅会降低思考速度,也会增加心理压力。

> 生活就像是由万千事物缠绕起来的麻线团,不列出清单,很容易变成"一团糟";而有了清单,就好比在麻线团中找到了一根线头,从而让混乱无序变得井井有条。

别小看清单,用好了的话,它会让你切身感受到下面罗列的这些效用。

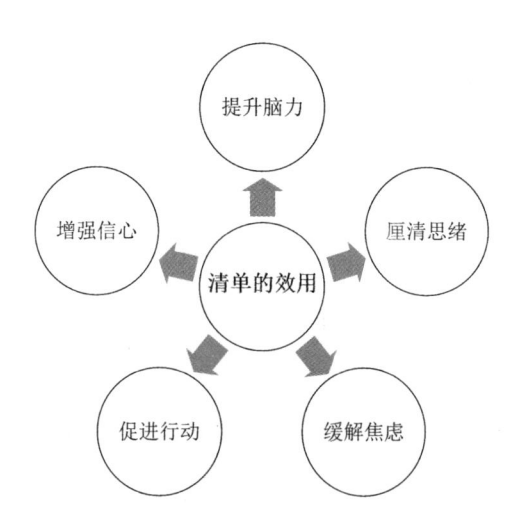

```
            提升脑力
               ↑
   增强信心 ← 清单的效用 → 厘清思绪
               ↙        ↘
          促进行动      缓解焦虑
```

· 1. 清单可以提升脑力

记忆专家辛西亚·格林博士指出:"记忆的工具,包括清单,会强迫我们凝聚更多精神在我们必须记住的信息上。记忆工具会提供一种组织架构,会赋予信息坐标乃至意义。"也就是说,清单可以帮我们提升脑力,同时让我们更具专注力。

· 2. 清单可以厘清思绪

假设你正准备自驾去另一座城市旅行,此前你从来没有去过那里,不清楚路线,也不知道有哪些值得一去的景点。此时,清单可以帮你梳理思绪——选择哪一条路线?途经哪些地方?全程距离是多少?多长时间可抵达?中途在哪儿休息?预订哪家酒店?怎样安排游玩的顺序?……当这一切跃然纸上时,可以显著减少慌乱与盲目。

· 3. 清单可以缓解焦虑

面对纷繁杂乱的多个待办事项,我们总会不由自主地焦虑,害怕时间不够用,担心自己顾不过来,更担心出现坏的结果。此时,不妨将要做的事情以及内心的担忧写下来,列一个清单,呈现出有利因素和不利因素的排列组合。这样做可以有效地阻止头脑被负面情绪裹挟,把关注点重新拉回现实,理性地进行决策。

·4. 清单可以促进行动

加利福尼亚州多明尼克大学的盖尔·马修斯教授研究发现：把事情写下来，最后可以完成的概率会提高33%！无论事情大小，这一条规则都是适用的，清单可以让人以更好的状态去处理各种问题，让人知道自己在做什么、想做什么，更有动力、更有条理地冲破挑战。

·5. 清单可以增强信心

每完成一个事项，就在清单上将其划掉，这是一件很有趣的事，也会给人带来成就感。做这件事时，我们的自尊和自信水平都会得到提升，也更有意愿和动力去完成后面的事项。这是一种对生活的掌控感，完成的事项越多，自信心就越强烈，拖延也就无所遁形了。

清单就像是一把梳子，帮我们把生活和工作理顺，建立内在的思维秩序，排列事务的优先等级，让我们把有限的时间和精力用在真正重要的事情上。哪怕眼下的生活是一团麻，一旦理解并学会使用清单，我们也很快就能让它变得条理分明，忙而不乱。

为什么清单可以提高执行力

◎ 结构化拖延法

> 从小件的、优先性低的事情做起,从而建立一种成就感,然后打起精神完成更重要的工作。

第一次做一件事时,通常会消耗极大的精力,我们需要调动大脑中最强大的思维系统来执行。这种资源是稀缺的,且速度也是最慢的。当这件事情被反复执行多次以后,这些思维就会被存储起来,今后再做类似的事情时,只需要在记忆系统里搜寻就可以了。

尽管记忆系统能够存储大量的内容,但这种做法的效率和效能依然是有限的。因为在复杂的环境下,人很容易出现记忆和注意力的问题,从而忽略一些单调的例行事项;在简单的事情上犯了错,产生的影响有时比复杂问题还要恶劣。

> 所以,处理复杂事务时,完全依赖我们的主观意识是不太可靠的。况且,负责思维的大脑资源是很宝贵的,不应该随意地浪费和滥用,而是要用它去完成最具挑战性、最有价值的任务。利用清

> 单来解放大脑，提升执行力和准确率，无疑是一个理智又实用的选择。

在阿尔卑斯山脚下的一座小村庄里，曾经发生过这样一件事：

有一个3岁的小女孩掉进了冰窟窿，半小时后才被救上岸。此时，小女孩已经失去了生命迹象，体温只有19℃。不过，急救人员并没有放弃，他们利用直升机将小女孩送往医院。

经过2小时的抢救，小女孩的体温上升到了25℃，并且有了心跳。6小时后，她的体温恢复到正常水平。经过一系列复杂的抢救，小女孩奇迹般地活了下来。

抢救小女孩的这家医院名不见经传，许多人根本就没有听说过。这让许多从业者感到好奇，他们很想知道：这么一家小医院，到底是怎样让小女孩起死回生的呢？

问题的答案并不复杂，这家小医院在日常的工作中，多次接触到类似情形的患者，其中大部分患者送来时都没有生命体征。为了应对这样的情况，医院把急救的步骤列了一个清单。

在看到这个清单时，许多人都惊讶了——为了挽救这个小女孩的生命，数十位医护人员需要正确地实施数千个治疗步骤，其中还掺杂着许多注意事项，并且要启动一系列复杂的设备，每一个步骤都很麻烦，而要把这些步骤按照正确的顺序一个不落地做好，更是难上加难。

然而，正是因为有了这份清单，才得以让这个拥有数十位医护人员的团队实现了快速、有序地各司其职，只要认真地核对清单，就不会出错和遗忘。哪怕是过去从来没有参加过救援任务的新医生，有了这份清单，也可以快速上手，高质高效地完成急救任务。

我们可以想象到，在没有列出这张急救清单之前，这家小医院的医护人员一定走过不少的弯路，付出过极大的代价。庆幸的是，他们把那些正确的步骤逐一记录了下来，并制作成了清单，让其成为一本专业的急救手册。再次遇到类似的情况时，医护人员不必再绞尽脑汁思考，也不会再重复走弯路，或是犯一些逻辑错误，让整个急救过程变得快速而高效，与死神争分夺秒，挽救患者的生命。

> 清单的本质是一套极简的可执行的程序，有化繁为简、提升执行力的效用，它可以让重复的事情流程化，让流程的事情工具化，让复杂的事情简单化。

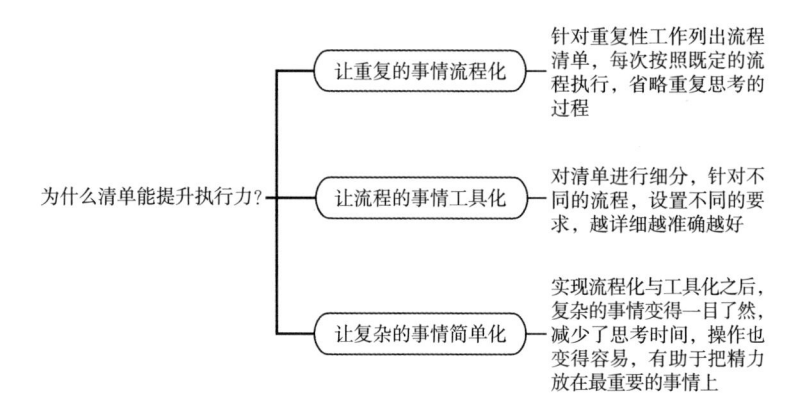

为什么清单能提升执行力？
- 让重复的事情流程化 —— 针对重复性工作列出流程清单，每次按照既定的流程执行，省略重复思考的过程
- 让流程的事情工具化 —— 对清单进行细分，针对不同的流程，设置不同的要求，越详细越准确越好
- 让复杂的事情简单化 —— 实现流程化与工具化之后，复杂的事情变得一目了然，减少了思考时间，操作也变得容易，有助于把精力放在最重要的事情上

在执行一项复杂的任务之前，你可以事先在脑子里预演一下执行的过程，把可能涉及的步骤列成一个清单，然后再开始执行。在执行的过程中，根据实际情况对清单进行调整。

当任务执行完毕后，重新审视一下这份清单，将其保存起来，它就变成了完成这类任务的流程清单。下一次，再进行同类任务时，可以直接跳过思考的步骤，按照清单执行。

这样操作，既不用耗费大脑的资源，也不会遗漏某一个关键的流程，简单、高效又准确。

待办事项清单 ≠ 简单地罗列任务

◎ 3-MIT 清单法

> MIT是英文"Most Important Task"（最重要的任务）的首字母缩写，是待办事项清单中级别最高的项目，是在特定日期内必须完成的事。最初的工作方法就是，确定一项重要任务，排除其他一切干扰，专注于此，直至完成。

明明知道那么多事情堆在眼前，需要整理的换季衣服，一个很早就该报名的考试，一条需要发给朋友的消息，一个早就该完成的报告……我们还是喜欢一边惴惴不安地焦虑，一边看剧听音乐刷小说，有时候只是无所事事地想，再等一下，就一下下……于是，天黑了又白了，心情愈发沮丧却伴随偷来欢愉般的戏谑……我们都有拖延症！

你是如何应对拖延症的呢？当我打算让自己从坏习惯里走出来时，第一件事就是去完成它，哦不，是计划完成它……在to do list上写待办事项，然后计划一项一项划去……但是在此之前，我要找到好看的便利贴，好用的水性笔，可爱的贴纸……然后，在没有行动之前，就耽搁在了制作清单这一步……

每当我无法让自己去做应做之事时，便会列出"待办清单"。对我来说——我敢打赌，同时对大部分拖延症患者来说，"待办清单"的全部意义在于弥补自己的大言不惭，给自己心理安慰……以为列清单就可能让我们混乱的生活变得井井有条是一个不错的想法，但我的清单从未能够督促我完成任务。相反，我热爱清单是因为列清单本身就给人成就感，当我列出一项任务，似乎也就卸掉了一部分完成任务的压力。

以上内容来自安德鲁·桑泰拉撰写的《拖延进行时》，不知道你对文中描述的情景有没有同感？坦白说，我在没有系统学习清单思维之前，亲身经历过这样的情景：将一项任务列入待办清单，而后产生一种"这件事我已经完成了"的错觉。清单解放了我的大脑，让我不再反复思考这件事，但我并没有真正地执行它。结果就是写下来的那些待办事项，时隔一周、一个月或一年之后，又成了新一轮的待办事项。

有一项关于职场情况的调查显示：约有63%的职场人员有使用待办清单的习惯。每个人都希望能在无序的生活中创造秩序，做好自我管理，不少时间管理、工作方法类的书籍会提到列出待办事项的益处，因而多数职场人都会习惯性地为自己列清单。

这当然是一个积极的选择，清单可以帮助我们视觉化地去梳理那些要处理的事项。但问题是，列出清单只是第一步，而多数人却在这里停下来，然后就没有"然后"了。为什么列出了待办事项清单，却总是完不成呢？

如果你也有相同的困惑，不妨看一看你的待办事项清单，是否和下面的模式相似？

○ 待办事项1：完成会议PPT。
○ 待办事项2：跟客户商量方案。
○ 待办事项3：完成公众号更新。
○ 待办事项4：读20页书。
○ 待办事项5：运动30分钟。

这是许多人印象中的待办事项清单，可是我现在要提醒你，这根本就不是有效的清单，只是一厢情愿、未经有效思考的想法。带着误解，无效且过度地创建和使用待办事项清单，自然会阻碍行动和效率的提升。

> 待办事项清单是一个提高效率的工具，但不是最终的目的，它的使命也不是罗列出所有的任务，而是把注意力吸引到真正有价值事情上，在合理的时间内完成最重要的几项任务，减少无谓的精力浪费。从这一层面来说，清单是一个缜密思考

的过程，其本质是做计划。

在罗列待办任务时，要有简单任务和复杂任务之分。

简单的任务不需要过分思考，按时完成就可以了。复杂的知识创造性任务，需要认真地制订执行计划。计划是一个思考过程，是实现某个任务的步骤列表，它应当能够促进任务目标的高效完成，且涵盖一系列的步骤，指明完成某一任务的具体方案和程序。

> 制订清单的时候，千万不要只标注任务名称，还要把这个任务进行拆分，附加详细的说明。前面我们说过，将任务进行拆解，可以减少恐惧感和抵触感，降低行动阻力。而且，当我们清晰地看到项目的达成时间时，内心也会多一份掌控感，增加确定性，从而提升行动意愿。

所以，千万不要误解了待办清单的功能，它不是一张简单的任务罗列表，也不该成为确保你完成所有任务（包括那些琐碎不重要的事）的工具，它的使命是确保你完成那些真正要做的事情。你可以根据"我需要完成什么"来筛选自己要做的任务，并相应地计划自己的一天。仅此一项，就能够大幅地提升你对重要事项的专注力。

太长的待办清单容易耗尽认知资源

◎ 六点优先工作制

> 整理出六件最重要的事情,并排列好顺序。只要完成这六件最重要的大事,一天的工作时间基本上就得到了充分的利用。

制订好了健康饮食或减肥的计划,早餐和午餐都执行得很完美,可是到了晚上,食欲却不受控制了!这样的情况,你有没有遇到过?

不少人在碰到类似问题时,会把责任归咎于不自律,产生自责心理。这样的归因方式,改变不了现实问题,还可能进一步加剧负面情绪和无益的行为。事实上,导致这一状况最根本的原因是认知资源被耗尽,从而产生了决策疲劳。

> 认知心理学研究表明:人的认知资源是有限的,无论是简单的问题,还是复杂的决定,都会造成一定的认知损耗。处理的任务越多、越复杂,消耗的认知资源就越多。当认知资源不足时,就会出现注意力涣散、意志力低下、效率递减的情况,

> 因而也更容易拖延。

为什么要谈认知资源，它与清单之间有关系吗？答案是——有密切的关系！

认知资源决定着意志力，也决定着我们在不同任务之间分配时间的能力。由于认知资源有限，我们必须下意识地节省它，减少不必要的耗损。列待办清单时，如果不假思索地把大脑中存储的所有待办事项都写进去，不考虑各任务之间是否存在联系，很容易耗尽认知资源，让我们更倾向于选择能够即时快乐的活动，而不是更有价值的活动。

心理学家巴里·施瓦茨提出过一个"选择困惑"的理念，即如果我们拥有的选择越多，那么在这些选择之间作出决定的能力就越差，我们所面临的焦虑就越多。面对清单中一大串的待办事项，我们的压力会骤增，也更容易分心，不知道该怎么选择。

每一个决策都要消耗一定的认知资源，这就间接地增加了决策疲劳。一旦陷入"决策逃避"的困境，人们就会被迫做一些低性价比的活动，如查看邮件、翻翻新闻，实际上这都是在试图逃避一件事：决定真正应该做的事。

在这样的状态下，我们的工作效率会直线下降，而待办事项中那些真正重要的事,却被一直搁置着。如果是必要的工作任务,我们可能会在截止日期到来前,加班加点赶一下,草草了事,换得一个不太理想的结果。然而,内心却会萌生内疚、羞耻和沮丧感。

那么,如何来筛选和限定待办清单事项呢?

·微任务不列入待办清单

生活中有一些事务只需要几分钟就可以搞定,比如:整理床铺、洗衣服、扔垃圾、给客户回电、查看邮件、电子账单还款……这样的事项就属于"微任务",不需要列入待办清单。

> 如果零星地去处理微任务,很容易分散注意力,打断工作进程,破坏工作势能。相比而言,更好的解决办法是——批量处理。

每次留出30分钟左右的时间,将背景相关的任务安排在一起解决,比如:整理床铺、洗衣服、扔垃圾等家务类的问题,可以一起解决;查看邮件、支付电子账单、给客户回电话,也可以一并处理。集中处理相关的微任务,可以最大限度地降低转换成本,也不容易分散执行重要工作的精力。

·限定 6 个待办清单事项

排除了"微任务"的干扰之后,对于清单上的关键任务的数量,我们也要进行限定。

> 管理界将艾维·利提出的"六点优先工作制"被喻为"价值2.5万美元的时间管理法",其核心是:整理出 6 件最重要的事情,并排列好顺序。只要完成这 6 件最重要的大事,一天的工作时间基本上就得到了充分的利用。

运用这一方法时,最重要的是找出6件重要的任务,并做好顺序上的安排,以便直接地了解和控制自己一整天的工作,不至于在完成一项工作后不知道接下来该干什么,从而浪费时间,或是被其他的事情干扰。

在使用六点优先工作制时,有几个问题需要特别注意:

(1)把最有效的时间,用在最重要、最有价值的事情上。
(2)对整个计划中要做的事情,进行优先等级排序。
(3)明确标准格式,明确标准流程,每天的任务清单要按照标准格式来写。

（4）每天要做的事情，简洁描述即可，节省时间。

（5）提高工作效率，确保当日完成6件重要事项，不可拖延。

（6）完成一项任务后，可做出一个标记，并简单写下完成的原因。

想象一下，如果每个月、每一天、每一分钟都在做最重要、最有价值的事情，假以时日，我们可以实现多少个目标？会有怎样的变化？现在，不妨拿出你的清单，将"微任务"划掉，列出6项最关键的待办事项吧！

清单是指示工具，不是执行的主体

◎ 构建任务清单（GTD）

> 如果一件事情不能够在2分钟内完成，就应该记录下来。

有些人对清单存在排斥心理，原因是认为按照清单列表去做事，可能会让自己变得刻板僵化，循规蹈矩。实际上，这是对清单的一种严重误解。

制订清单的是人，执行清单的也是人，是让清单成为管理时间的工具、发挥出引导的作用，还是让自己的思想和行为被清单限制，最终的决定权，始终在自己手里。

> 清单，就是一个不带有任何情绪的工具，它会呈现出什么样子，全在于制订清单的人。换句话说，你想让清单怎样为你服务，你就会得到什么样的结果。

为了避免让清单变成限制和束缚，致使我们落入刻板僵化的模式之中，在制作清单的时候，一定要坚持让清单发挥指示性作用，而不是指导性作用。

· 指示性作用

> 所谓指示性作用，就是告诉我们一个事物是什么，但不限制用途。

眼前放着一个装满液体的水瓶，瓶身上贴着一个标签：纯净水。这个标签的存在意义，就是一种指示，告诉我们这个瓶子内的液体是"纯净水"，至于我们用这瓶水来做什么，如饮用、做饭、浇花、洗东西、放在加湿器里等，没有做任何限制，我们可以自行支配。

·指导性作用

> 🔔 所谓指导性作用,就是限定了我们怎样去使用一个事物,没有选择的余地。

同样是一个装满液体的水瓶,把"纯净水"的标签换成"请饮用这瓶水",情况就完全不同了。这个标签的存在,直接限定了我们用这瓶水做什么,没有其他的选择。

> 🔔 清单是一个提示工具,在制订的时候要让它发挥指示性作用,告诉我们该执行某项任务,以及执行该任务所需的时间。切忌让它成为指导性指令,强制性地命令我们必须在某一时间段做某件事。这样的话,不仅会造成心理压力,还会让思维受限,毕竟生活中有太多的不确定性,谁也无法保证一定能在某个时间段去做某件事。

解决问题的方法从来不只有一种,清单上所列的待办事项,也可以根据实际情况灵活地调整一下执行顺序,确保让整个计划得以完成,千万不要人为地给自己设置障碍,尤其是下面这两个问题,要特别注意。

🔔 （1）把任务及完成时间限定于某个时间段，这是不必要的，也太过于僵化。

🔔 （2）描述待办任务时，尽量使用指示性的动词，不要使用命令式的语言。

制订清单要秉持指示性原则，让它成为一种指引和提示，而不要把它变成强制性的指令。同理，在执行清单时，也要发挥主观能动性，不要一板一眼地完全对照清单上的内容去执行。在执行清单时，有两个原则需要特别注意。

·原则1：当清单内容与实际情况产生冲突时，以实际情况为基准

清单上的内容，是我们对于未来工作与生活的一种预测，但它们不能真正代表我们今后的工作与生活状态。毕竟，我们在制作清单时是停留在"假设一切如现在般正常"的状态下。可计划赶不上变化，在执行的过程中，清单上的内容会与实际的状况发生冲突。

你原本定好周日下午读完《冷暴力》一书，结果家里的宠物生病了，需要去医院看病。这个时候，清单上的任务和实际的情况就产生了冲突，该怎么处理呢？

如果继续按照清单上的计划去执行，先完成读书计划，

再去宠物医院，可能会导致宠物的病情被延误。此时，我们要做的是变通，先顾及宠物的安危，把这个要紧的事情处理好之后，晚上有闲暇的时间，再把读书任务补上，确保这一项任务不被拖延。

> 归根结底，清单只是工具，执行的主体永远是人。这就好比，开车需要导航，但不能完全依赖导航，我们要的是借助工具更轻松、更方便地处理问题。如果在执行的过程中，发现还有更好的执行方式与解决方案，那也可以按照全新的"路线"去走。

·原则2：执行清单任务的时间，可以灵活地进行调整

有时候，清单上的内容与我们正常的生活与工作并不冲突，甚至还是对生活和工作有益的，只是时间上产生了一些出入。这个时候，我们就要随机应变，灵活地调整任务的执行顺序。

假设你原本计划晨练口语，但公司近期搬迁了，距离有点儿远。这个时候，你就需要主动调整执行练习口语任务的时间，来适应目前的状态。

假设上午你安排要执行两项任务，完成后发现自己的状态依然很好，此时就可以再多执行一项任务。反过来，如果只做了一项任务后就感觉疲惫，那也不妨将下午的一些简单任务挪

过来，作为一个"缓冲"。

按照上面的方式来使用清单，就显得灵活多了，不会被执行时间完全束缚，也可以让清单执行起来更顺利。说到底，这两个原则的主旨，都是让我们明确清单的执行主体是人。

> 我们使用清单是为了改善工作与生活的状态，换得自律与自由。倘若清单的存在变成了一个沉重的负担，那就有必要审视一下：到底是清单出了问题，还是自己在使用清单的方式上出了问题？清单就是工具，用对它、用好它，才能促成正向的改变。

沉迷于打"√"容易降低执行效果

◎ "3大+2小"清单法

这个待办事项清单法，诠释出来是"3项大任务+2项小任务"。每天早上或前一天晚上，选出要处理的5个任务，大任务设定1~2小时才能完成，小任务

> 设定30分钟或更短时间即可完成。

刚开始接触清单时，我很喜欢做一件事情——打"√"。

每完成一项待办任务，我都会萌生出成就感，接着就在已完成的任务后面打个"√"。看着清单上的"√"越来越多，内心如释重负，这些"√"的存在就像是胜利的旗帜！

这样的状况持续了一段时间，但我并没有获得预想中的效果。反思过后，我才意识到，我的关注点几乎全都放在了"结束任务"上，也就是满足于"我做了某项任务"然后打"√"，却忽视了对清单执行结果的判断，也就是没有考虑到"效率的高低"。

举个例子，我当初给自己制订过一个跑步任务——每天慢跑半小时。

现在回过头看，这个清单任务是不太合格的，因为不够详细，这也导致了我后来仅满足于"今天我跑步了"这件事，而忽略了过程中我是怎样跑的。

跑步的配速和公里数，是评判跑步效率的重要因素。慢跑半小时，完成2公里和完成5公里是不一样的。后来，我把这个任务进行了细化：每天慢跑半小时，至少完成4公里的距离。这样一来，就可以直观地看到，自己在执行跑步这项任务时，现阶段的水平是什么样，一个月之后我的跑步水平有没有提升，以及该如何调整计划，让自己有进一步的提升。

从拖延到自律，不只是从静止状态走向行动，还要看行动的状态和最终的结果。做同样一件事，用1分精力和10分精力，肯定是不一样的；用1小时做好和用1天做好，更是大相径庭。这也再次提醒我们：细化清单任务至关重要，且执行清单也不是简单地打"√"。

> 沉迷于打"√"，容易麻痹我们对清单执行结果的判断，让我们只想着如何结束任务，而不是如何提高自己的做事效率。时间久了，执行某一项清单任务就变成了例行公事。只要在"形式"上做了某件事，就算是完成了这项任务。

由此可见，当清单的执行变成了敷衍了事、流于形式，做与不做的区别就会变得越来越小。尽管表面上看起来并没有拖延，但行动的收益却和拖延差不多。低水平的重复、毫无价值的"努力"，不过是自欺欺人。

照此说来，打"√"是完全没有必要的行为吗？其实，打"√"的行为本身没有对错之分，关键是以什么样的心理去打"√"。如果仅仅是为了完成某项任务而去打"√"，那就需要警惕了。我们本节中所说的打"√"，主要也是针对这样的情况。

如果你不确定自己是否因为打"√"的问题影响了执行清

单的效果，那你可以结合以下两个方面进行审视和分析。

·判断清单是为你提升了动力，还是增加了负担和束缚

使用清单的目的，是提升动力，而不是背上负担。动力这个东西，是让人对自己、对未来充满希望，愿意为之不断努力；负担则是束缚人的枷锁，其存在就是一种压迫，让人机械式地去完成一个个任务。

以玩"糖果传奇"游戏来说，你已经进行到了230关，此时你对它的热情已经没有一开始那么强烈了，之所以每天还在玩，就是不想让之前的努力白费。每次打开这款游戏，不过是为了多通过一关而已，完成任务后你就会下线，像例行公事一样。至于玩游戏的乐趣，早已经荡然无存……这样的"执行"就是无意义的。

·根据任务的完成情况，判断清单是否产生了积极效用

清单制作好之后，能否发挥出积极的效用，需要用结果来检验。

比如说，我制订了跑步的任务，那么在一个月之后，我需要用完成4公里的时间和配速来判断，这项任务是否让我的体能得到了提升。如果我感觉到自己有进步，那么，这个清单就是有效的。在这样的情况下，即使我没有在清单上打"√"也没关系，因为我已经切身地感受到了自己的进步，我会发自内

心地认可这份清单，并愿意继续执行下去。

> 根据上述这两方面的情形，你应该对自己的清单执行状况有了初步的判断。如果在清单上打"√"的行为更倾向于例行公事，那就说明你已经对执行清单任务没什么热情了。在这样的状态下，这份清单任务是没办法帮助你实现进化的，而你也是在做无用功。

制订好的清单，不能肆无忌惮地修改

◎ "主任务+日任务"清单法

> 主清单，是想到的每项任务的滚动存储库；日清单，是准备一天内完成的任务。每天晚上查看主清单，找出不久后要到期的任务，或是需要完成的任务；确定待办事项后，选择一个或几个转移到第二天的日清单中，进行具体的安排。

有些时候，我们会在执行清单的过程中，发现清单存在某些错误和不足，与目标产生了偏差。面对这样的情况，该怎么办呢？很显然，一定要进行调整和修改，以便继续执行，不能让错误的指示影响目标的达成。

不过，对清单进行调整不是随意地进行删减、补充和修订，而是要掌握相应的原则和方法。对待清单，态度一定要严肃，试想：一份花费不少心力制作的清单，被涂改得乱七八糟、面目全非，你对它还剩下多少敬畏？还愿意按照它去执行吗？即便是执行，怕是也要花费不少工夫去辨别内容，哪些是被划掉的，哪些是划错的。原本制作清单是为了节省精力，最后却凭空给自己增加了不少麻烦。

清单不可随意涂改，只有在遇到以下几种特殊情况时，才可以进行少许的修订。

·特殊情况1：清单上的任务执行时间与现实发生冲突

清单不是随意列出来的一张表，是耗费时间精力且经过再三检验才确定可执行的计划，通常情况下，不太容易出现问题。除非清单上的任务执行时间与现实发生冲突，无法确保正常的生活与工作节奏，才有修改的必要。一般来说，在必要的位置做个记号就行了。

·特殊情况2：清单上的任务执行顺序与现实发生冲突

清单的制订毕竟是建立在设想之上的，有可能因为一些意外状况，导致任务执行顺序与现实发生冲突。在这样的情况下，我们就有必要对清单进行修改，调整一下任务顺序。

> 在调整清单的过程中，以保证改动最少实现调整最优化为前提，尽量不要破坏清单整体的协调性。如果清单上出现了大量需要修改之处，最好将其舍弃。这样的清单，即便进行了修改，也会对执行的效率和结果产生负面影响。

·其他特殊情况

上述的两种情况是最常见的，另外还有几种特殊情况，也需要对清单进行微调。

（1）由于实际情况的改变，需要删除或增加一些任务。
（2）清单中的任务被迫中断，需要进行简单的调整，以便后续执行。
（3）提前或延后完成任务，需要对清单进行少量改动。

看到这里，想必你已经了解了，在什么样的状况下可以对清单进行修订。同时，你也应该掌握了修订清单的原则，不能大动干戈，只能少量微调。

那么，怎样把握微调的度呢？或者说，少量修改的标准是什么？

· 1. 保持清单的页面不被污损

在修改清单时,保持外观的整洁,不随意涂改,是很重要的事。毕竟,清单也带有一种"仪式感",保持整洁是对工作成果的尊重,更能方便日后执行任务。

为了避免污损外观,要三思而后行:发现某处存在错误时,不要顺手就涂改,还得审视其他地方是否也需要修改。将所有要修改的地方都找出来,看看怎样调整最合适、最简洁,再着手统一操作。在修订的过程中,不要让液体沾染了清单页面,弄脏了的话,一来不太美观,影响心情;二来也会影响我们查看任务。

· 2. 确保清单的整体性不被破坏

无论清单出现什么样的问题,在修改的过程中,都不能破坏清单的整体性。

如果清单变成了断断续续的任务"拼图",就算是完成了全部任务,也难以达成目标。如果任务不统一,就缺少循序渐进提升技能的突破点,做再多的任务也只是数量上的增加,难有质的改变,使我们陷入低水平重复中,无法实现目标。

如何保证清单的整体性不被破坏呢?

不要把所有任务都调整一遍,如果每个任务都存在类似问题,这份清单就是有问题的,不如换一个新的。如果是可进行修订的，不妨在清单的空白处贴一个便利贴，写上修改意见。这样的处理方式，既不会破坏清单的整体性，也可以保证页面的整洁。

·3. 保证清单任务的逻辑性不被打乱

清单上的任务排列，以及每个任务的完成步骤，都存在一定的关联，要按照这个排列依次完成，才能达到最佳效果。当我们发现清单上的某些任务存在问题，需要对其进行修改时，一定要保证任务的逻辑性不被打乱。这就要求我们在修改清单的时候，要从整体上把握，不要只盯着细枝末节，要通篇审视后再去修改。

遵循上述三个标准，我们在对清单进行修改时，才能最大限度地实现通过"微调"来完善清单。否则的话，清单很有可能会被涂抹成一张废纸，前功尽弃。

以全局目标为主，以清单步骤为辅

◎ "基于项目"清单法

把待办事项清单进行分类，然后根据项目之间的

> 关联性，设计出多份清单，每个项目对应一份清单。在计划大规模的"家庭工程"，或是作重要决策时，这个清单法很有优势。

说起郑人买履的故事，你应该不会感到陌生。

一个郑国人准备到集市上买双鞋子，为了买鞋方便，他事先用一根绳子测量了自己的脚长。当他来到集市后，发现量好的绳子没带，就想着赶紧回去取。

这时，卖鞋的商人说："你可以用自己的脚试一下鞋子是否合适。"

谁想，郑国人一脸严肃地说："我宁愿相信量好的绳子，也不愿相信自己的脚。"

许多人都嘲笑过故事里的郑国人脑筋死板，做事不懂变通。在使用清单的时候，如果我们"唯清单是从"，就跟故事里的"郑国人"犯了同样的错误。

> 制订清单的主体是人，执行清单的主体也是人，正确地、高效地使用清单需要有自主意识。清单是立足于当下制订出来的，为了少走弯路，顺利实现目标，我们会写下完成清单的步骤，但这并不意味着，做事的方式方法仅限于清单。清单只

> 是实现预期目标的工具，在立足于清单的同时，我们还应当着眼大局，以整体目标为准，开阔思维和视野，提升应变能力。

那么，怎样做才能够不局限于清单，让生活因清单变得更美好呢？

·分清主次：完成目标是第一要务，清单只是实现目标的辅助工具

我们的终极目标，不是完成清单，而是利用清单的规划，让自己减少拖延、完成重要的事情，拥有高效率的工作和高质量的生活。同时，让自己在制作清单和执行清单的过程中提升多方面的能力，这才是使用清单的真正意义。

·权衡取舍：以人生发展为主，不同阶段有不同的侧重点

人生有不同的阶段，每个阶段至少有一个主要目标，比如：学生时代的目标是掌握学习方法，考出理想的成绩；工作之后的目标，是培养自身的核心竞争力，获得长远的职业发展。这也提示我们，制订清单时要以人生发展为主，做好权衡取舍。毕竟，当我们为了实现一个目标付出努力时，必然会阻碍另一个目标的实现。

很多女性希望能兼顾家庭和事业，有时她们付出了很多努

力，结果却是哪一件事也没能做到让自己满意，还把自己搞得焦头烂额。现实告诉我们：家庭和事业兼顾几乎是不可能实现的，长时间处理两项对身心消耗巨大的任务，又没有机会去补充精力，肯定会把自己"榨干"。

在制订清单任务时，要立足于现实，在某一时期选择一个侧重点。如果你这几年看重的是事业发展，就需要争取家人的支持与配合，协助你照顾好家庭；如果你希望在孩子年幼时多陪伴他，照顾家庭，就要收回在事业方面的一些时间和精力。

> 当两个目标发生冲突的时候，我们需要作出取舍，关注内心最渴望的，找到最佳的做事方法，而不是像机器一样去执行清单任务。毕竟，人的时间和精力有限，把自己弄得精疲力竭，往往什么也得不到。

·关注需求：以活得更好为主，人生不只有目标

如果为了执行清单而忽视生活中社交、休闲、娱乐等需求，就无法为自己补充情感精力。在精力匮乏的情况下，人是很容易拖延的。

> 清单是一个很有价值的工具，能够协助我们更快更好地完成重要的事，但清单不是生活的全部。

> 如果因为清单的存在,你把自己变成了"任务处理器",时时刻刻都被安排好去处理不同的任务,那"你"在哪儿呢?生活还是"生活"的样子吗?

Part 6

精要的思维

选择是一种能力，聚焦最重要的事

绝不拖延
战胜焦虑、懒惰与混乱的心理学

无意义的多数和有意义的少数

◎ 重要少数法

> 通过解决问题中的一个微小部分,来极大地提高产品的质量。

结合现实生活,思考一下你是否存在这样的困惑:

○ 你是否曾感觉心力交瘁?
○ 你是否曾感觉劳累过度却又没能发挥所能?
○ 你是否曾感觉自己只适合做琐碎之事?
○ 你是否曾感觉忙碌半天却效率低下?
○ 你是否曾为取悦别人或避免麻烦而答应别人的请求?
○ 你是否曾多次恨自己答应某事,事后又不解为什么要这样做?
○ 你是否觉得自己一直在奔忙,却始终没有进步?

如果你对上述任何一个问题的回答是肯定的，那么你很有必要了解一下精要主义。

什么是精要主义呢？格雷戈·麦吉沃恩在《精要主义》中提到了三个要点。

·1. 个人的选择

> 我们可以自己选择把注意力投入何处，也可以自己选择把时间花在哪里。说"不"可能很难，但我们得知道自己有这个力量。

·2. 噪声的存在

> 几乎绝大多数事情都是噪声，只有极个别的事情是无价之宝。我们只有努力找出最重要的事情，才能避免被噪声毒害。

·3. 权衡与取舍

> 既然不能把所有事都做了，我们就得选择退出一些优先级不高的事情，即使它们看上去很有趣。

我们都知道，钉钉子不能盲目用力，要把钉子垂直立好，让锤子的力量全都集中在钉子尖上，才能形成巨大的合力，让钉子钻进其他坚硬的物体中。精要主义的价值主张，也是把时间和精力用在最有意义的地方，淘汰掉那些不重要的事，轻松地执行精要之事，让人生更有效率、更有成果。

我的朋友林岩是一家设计公司的主管，前段时间，他不停地跟我诉苦，说自己现在的状态完全就是"两眼一睁，忙到熄灯"。当时我还觉得他是在调侃，可细细听完才知道，他和公司里的不少人，每天都陷在疲于奔命的状态里，身心交瘁。

林岩每天要花费6~7小时琢磨设计方案，还要兼顾部门里的其他事情，经常是风尘仆仆地从外面回到公司，又急急忙忙地出去。设计部里的每件事他都要亲自参与，即便人不在公司，电话也会准时打来，否则他一百个不放心。

就算是这样，林岩的时间依然不够用，他的设计工作也受到了很大的影响，经常是到最后期限才拿出东西。由于事情太杂，很难静下心思考，他设计出来的方案也不是太理想，客户好几次都表示，他们公司的创意能力不胜从前了。

挫败感涌上了林岩的心头，他跟我说，都已经有转行的念头了。可在我看来，这份工作本身并没有太大问题，不然林岩也不可能坚持这么多年。眼下的症结所在，是林岩没有弄清楚什么是最重要的，其思维模式还停留在"一切都重要""怎样把一切都安排妥当"上，而没有区分、辨别重要的事，更没有认清重要的只是少数事。

我提议，能否先不离职，尝试对非精要的事情说"不"，把大部分精力用在最有意义的少数事情上？果不其然，两个月过后，林岩的状态好了很多。他说："原来每天都忙得脚底板朝天，真正有价值的事没做出多少。后来，干脆把小事、杂事全都下放，果然效率高了很多，又慢慢找回了设计的灵感，作品比'赶'出来的那些强太多了！"

你可能也听过这个测试：假如你的面前有一个铁桶、一堆大石头、一堆碎石、一堆细沙，还有一盆水，用什么样的方法才能把它们尽可能多地装进桶里？很显然，用不同的方法，装进去的东西多少是不一样。

最优的办法是，先把大石头放进去，当铁桶"装满"后，再放碎石，碎石会沿着缝隙落下；而后再把细沙填进去，最后往里面加水，水就能渗进沙子里。这样一来，铁桶里的每一寸空间都能被充分利用起来。

> 精要主义是一种思维和生活方式，提倡过有目的、有意义的生活，而不是在琐碎的事物中把自己忙活得焦头烂额。掌握精要主义的核心，可以把我们从混乱、无序中解救出来。当我们不再试图去追求更多、做更多的事，而是自律地追求更少、只做必做之事时，我们会获得更大的明确性、更强的掌控力。

在有限的时间里，聚焦最重要的事

◎ 四象限法则

> 四象限法则是管理学家科维提出的一个时间管理理论，把工作按照"重要"和"紧急"两个维度划分为四个象限：紧急又重要、重要但不紧急、紧急但不重要、不紧急也不重要。

筱薇是某公司的总裁助理，每天的工作事务繁多，但她都能处理得井井有条，是总裁的得力帮手。细心的她发现，公司里有一些员工总是拖延，需要递交的重要文件总是要催上两三次，才能送到总经办。问及原因，无外乎"事情太多""忙得忘记了"。事实上，筱薇在传达任务时，就已明确告知任务的重要和紧急程度，无奈有些员工做事实在是分不清楚主次和轻重缓急。

观察了几个星期后，筱薇还发现，有些员工在工作时并不是很用心，而是在聊闲天、刷网页，甚至偷偷玩游戏……临近下班才开始焦头烂额地忙活，有时要加班到半夜才回家。到了第二天，又循环往复地继续前一日的模式。

平心而论，那些习惯拖延的员工，本身承担的工作任务并不繁重，可他们却总在加班，搞得自己比总裁都累。有一次下班前，她看到某位同事又在赶进度，就善意地"提醒"了一句："你又要加班吗？我倒是有一个提升效率的方法，不知道你感不感兴趣？"一听说能摆脱加班的烦恼，同事自然兴趣十足。

筱薇说："前一天下班时，把自己第二天要做的事写下来，再用四象限法则合理地按顺序标注……"同事听得有点懵，什么叫四象限法则？为了给同事解释清楚，筱薇说："待会儿我给你传一个PPT，是专门介绍四象限法则的，一看你就明白了！"

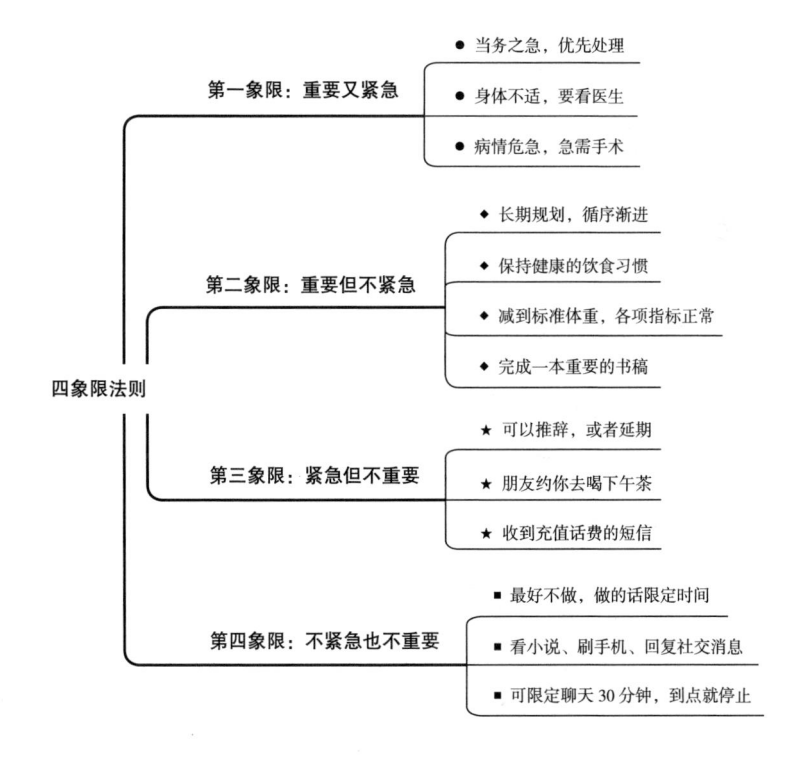

四象限法则

- 第一象限：重要又紧急
  - ● 当务之急，优先处理
  - ● 身体不适，要看医生
  - ● 病情危急，急需手术

- 第二象限：重要但不紧急
  - ◆ 长期规划，循序渐进
  - ◆ 保持健康的饮食习惯
  - ◆ 减到标准体重，各项指标正常
  - ◆ 完成一本重要的书稿

- 第三象限：紧急但不重要
  - ★ 可以推辞，或者延期
  - ★ 朋友约你去喝下午茶
  - ★ 收到充值话费的短信

- 第四象限：不紧急也不重要
  - ■ 最好不做，做的话限定时间
  - ■ 看小说、刷手机、回复社交消息
  - ■ 可限定聊天30分钟，到点就停止

把事情按照轻重缓急排序，是每一个精要主义者都在做的事情。面对繁杂的工作和生活，我们每天都有一堆事情要处理，如果总是随心所欲、想到哪件事就做哪件事，很容易把重要的问题遗漏，甚至是捡了芝麻丢了西瓜。在有限的时间里，把最重要的事情放在第一位，这样可以提早减轻心理负担，更高效、更自如地完成"次要"的事情。

·第一象限：重要又紧急的事

这类事情是最重要的事，且是当务之急要解决的，需要优先处理。对于医生来说，给病人做手术、进行医学治疗是刻不容缓的事，绝不能拖延；对于律师来说，准备好充足的材料，及时走上法庭为自己的当事人辩护，也是最重要的事情；对于外卖员来说，按时把餐食送到顾客手中，同样是最重要的事情。所以，重要且紧急的事情，应当立即去做。

·第二象限：重要但不紧急的事

运动、健康饮食、学习舞蹈、研读某本专业书、建立一段亲密关系……这些事情不是迫切的、当下必须完成的，却对我们的人生有长远的影响，需要制订长期的计划，循序渐进地完成，这类事情就属于"重要但不紧急的事"，可以放在次要位置，按部就班地去执行。

·第三象限：紧急但不重要的事

突然收到朋友的邀约，接到充值话费的短信，或是快递员提醒你取快递……这些事情在生活中很常见，都属于"紧急但不重要"的范畴。其紧急性常常给我们制造错觉，让我们认为"这件事情很重要"。其实，这类事情大多是可以推辞或在一定程度上往后推迟的，我们应在时间充裕的时候处理，以避免打乱我们原本的计划。

·第四象限：不紧急也不重要的事

从字面意思可知，这些事既不紧急也不重要，不值得去做。可现实的情况恰恰相反，许多人都被这类事情缠绕了，看无聊的小说、刷微博、看短视频、工作过程中回复社交消息，宝贵的时间被白白消耗。我们的时间和精力很有限，这些事能不做就不做，如果非要做，就给自己限定时间，如聊天半小时、看小说20分钟，时间一到立刻停止。

你可能也看出来了，四象限法则是以"价值"为基础对事情进行划分的。我们做任何事情都脱离不了其价值意义，虚度年华、浪费时光，不是精要主义者的选择。

> 🔔 特别需要说明的是，第二象限（"重要但不紧急的事"，如运动、健康饮食、写一本书）往往是

> 最耗费时间和精力的，也是一个长期的计划，如果不能循序渐进地去执行，最后就会使其变成第一象限（"重要又紧急的事"），但因为难度大、内容多，往往很难在短期内完成，最终导致拖延，甚至造成严重的后果。

现在，你可以试着把自己要做的事，分别填入四个象限中。如此，你就可以清晰地知道，自己的时间该怎么分配了；同时，也能够了解哪些事要优先处理，哪些事可以放一下或交给别人；哪些事需要每天坚持做一点点，稳中求进。心中有数，才不会手忙脚乱。

力所不能及的事情，劝你趁早放弃

◎ 努力 ≠ 成就

> 非精要主义者的思维是，什么都要做，什么都要得到，什么都要搞定。他们遵循着错误的逻辑：努力越多，成就越大。但现实是，天上的星星越是伸手去够，就越难让自己离开地面。

记得以前读过一篇寓言故事,大致内容是这样的:

鸭妈妈带着小鸭子在草丛里找吃的,小鸭子已经吃腻了母亲找的那些蚯蚓、小鱼,它想尝尝小鸟吃的那些五颜六色的虫子。鸭妈妈对孩子很是溺爱,说只要小鸭子高兴,它愿意做任何事。接着,鸭妈妈就带着小鸭四处找虫子。

走着走着,鸭妈妈看到一棵树上的叶子快掉光了,上面有不少绿色和黑色的毛毛虫,就使劲往上跳,想飞上去给孩子抓几条虫子吃。可是,它每次跳起来都踩不到树干,好不容易有一次跳上去了,却没站稳又摔了下来。最后,鸭妈妈把自己弄得头破血流,也没能满足小鸭子不切实际的愿望。

类似这样的故事,乔治·奥威尔在小说《动物庄园》里也讲过,且故事里的主人公"拳击手"的经历更容易让现实中的我们产生共鸣。

虚构的主人公"拳击手"是一匹马,它既强壮又忠诚。每次遇到挫折时,它总是说:"我会更努力。"即使是在最痛苦的境遇中,它也坚守着这样的信条,直至耗尽最后的一点儿气力,伤病交加,被送到屠马场。"拳击手"是一个可怜又悲情的角色,它的不断努力,并没有换得预期的回报,反而加剧了庄园里的不平等,引发了更多的问题。

面对挫折和挑战,你是不是也经常提醒自己,要更加坚定、更加努力?毕竟,从小受到的教育告诉我们,努力是获得成果的关键,且"天将降大任于是人也,必将……"。也许,在某些时刻,这样的努力是奏效,但不是所有的努力都一定能换来想要的结果。面对那些力所不能及的事,或者说客观条件不足以支撑目标实现的任务,实在没有必要去浪费时间和精力。

公司派孙琦到国外进行商务谈判,原计划是跟5家规模不同的公司进行会谈,时间是半个月。为了争取更好的结果,孙琦率先选择了发展规模最大、实力最强的企业进行洽谈。只是他没料到,这次会谈可谓是"出师不利"。

由于对方是跨国公司,一直希望可以借助潜在合作伙伴的力量来拓展中国及亚洲的市场。所以,它希望合作伙伴有强大的实力和市场资源,或是丰富的商业渠道。然而,孙琦所在的公司,根本无法满足这些条件,因而未能博得对方的青睐。

孙琦没有理性地分析客观情势,而是自顾自地坚信,只要把握住和对方的合作机会,就能借助他们的实力快速打开欧洲市场。4天过去了,孙琦的一厢情愿并没有让谈判工作获得任何进展,而他却坚持不放手,总惦记还有反转的机会。孙琦又在这家公司耗费了2天的时间,直至对方明确表示,这次谈判就此终止,他才心灰意冷地离开。

由于在这家跨国公司身上浪费了太多的时间,孙琦已经没有足够的时间去跟剩余的几家公司认真商谈了。最后，这场欧洲之行以失败收场，孙琦因办事不利遭到了领导的批评。

孙琦的初衷是好的，但他犯了一个严重的错误，就是未能认清客观情势，根据局势变化做出合适的选择，导致自己在无法企及的目标上浪费了大量的时间，从而影响了其他工作。

任何人的时间都是有限的，如果把时间耗在那些"实力不足以完成"的事情上，整体的工作就会停滞，其他工作所需的时间也会被挤压。与其死撑，不如将这份工作交给更有能力的人去做。

> 从心理学角度来说，越是自己无法解决的问题，人们越是想去解决；越是得不到的东西，人们越费尽心思去争取。这样的心理机制，对于时间管理而言是一个弊病。把时间耗在那些根本做不到的事情上，整体的工作就会停滞，其他工作所需的时间也会被挤压。

精要主义强调取舍，既然是取舍，就不能选择什么都做。因此，在处理问题时，务必要遵从一些原则，以便减少阻碍，提高时间的利用率。

·原则1：杜绝好高骛远

敢于挑战是好事，但挑战的前提是目标符合实际。如果总是好高骛远，希冀着做出惊天动地的事情，从而引来他人的仰慕，而无视客观环境与自身实力，挑战就变成了自不量力。

· 原则2：做力所能及的事情

如果能力充裕，就去做大事情；如果能力不足，就做点力所能及的事。无论事大事小，重要的是能体现自己所做事情的价值。如果是自己做不来的事情，宁肯放弃也不要逞强，否则不但会影响事情的进程，也会影响自己的信誉。

· 原则3：放弃风险大、收益小的事

在选择做某件事情时，我们都会考虑到风险和收益，并倾向于选择收益大、风险小的事，这样付出的时间和精力才更有价值。如果一个任务在执行的过程中，风险很大，收益很小，那就没有必要去冒险挑战，以免得不偿失。

只做值得做的事，创造更大的价值

◎ 不值得定律

> 一个人如果做的是自己认为不值得做的事情，那么即使成功也不会产生多少成就感；一个人如果在做自认

> 为值得做的事情，则会认为每一个进展都很有意义。

🔔 作家李教在《选与落选》中提到人生的选择："你的生命是那么短，全部生命用来应付你所选择的，其实还不够；全部生命用来做你只能做的一种人，其实还不够。若再分割一部分生命给'你最应该做的'以外的——不论是过去的、眼前的、未来的，都是浪费你的生命。"

成功学大师拿破仑·希尔，曾经归纳了4条做不值得的事情的坏处：

第1条：不值得做的事情会让你误以为自己完成了某些事情。
第2条：不值得做的事情会消耗时间和精力。
第3条：不值得做的事情会浪费自己的有效生命。
第4条：不值得做的事情会生生不息。

没有人愿意落入瞎忙的陷阱，更没有人愿意付出了时间和精力，到头来一无所获，却把真正重要的、有价值的事情拖延了。可现实的问题是，当一件事情摆在眼前，或是我们自身想要去挑战一项任务时，如何判断这件事情该不该做，值不值得去做呢？

为了减少非理性决策和盲目行动，我们可以询问自己几个重要的问题：

问题1：我的长期目标和短期目标，分别是什么？

问题2：实现这一目标的条件是什么？我是否具备这样的条件？

问题3：利用我现有的资源条件，实现这一目标的可能性有多大？

问题4：我列出的几种行动方案清单，其中哪一种更可行？

有了一份这样的清单，我们会更清楚自己应该做什么，可以做什么，并有效地确保行动的安全性与可操作性。倘若在采取行动之前不做可行性分析，付出的代价将是极大的，不仅效率低下，还可能会浪费大量的时间和资源。

美国空军人力资源研究室的一位研究员，曾经被调到洛杉矶某海军航空站担任决策部门的分析官，专门负责对作战训练任务进行任务清单分析，简称TIA。美国军队从20世纪70年代开始，就把TIA列入了固定的工作程序，现在它已经是一项非常完善的制度了。

这位分析官表明："我的任务是对飞行中队未来一段时期的作训计划进行数据分析，保证这些计划是合理的，并在数据对比的基础上得出一个成功指数。这个指数非常重要，中队指挥官和更高一级的参谋人员，都会在这项指数的基础上做出决定。"

这是一项很专业的工作，同时也凸显出清单的价值。可行性不是一个人说了算，而是由真实的数据决定的。倘若用清单的形式进行分析后，最终得出的客观指数大于8分（完全成功是10分），那就值得一试；倘若小于7分，则极有可能会被放弃。

战胜拖延，不等于盲目行动。无论做什么，都需要做一个可行性分析，判断这件事情的成功指数。挑战，不是有决心和毅力就够了，做踮起脚能够得着的事，才是精进的可靠路径；战胜拖延，不是不管不顾地去做事，把时间充分用在自己该做的、值得做的事情上，多创造一些价值和效益，才是最终的目的。

如果经过分析后发现，自己现阶段的条件或能力不足以完成该任务，实在没有必要刻意逞强。清醒地认识自我是一项重要的能力，暂时做不到，不代表自己是"失败者"或"无能"，要学会用成长型思维去看待自己，也可以向其他人学习处理此类问题的方法。

做不来非要硬撑，不仅无益于自身的成长，还可能会制造更多的麻烦，甚至到了最后关头，还要其他人来"救急"，帮忙收拾残局。

做好正确的事,胜过做更多的事

◎ 做正确的事

> 精要主义不贪多,只求更少但更好。要做好一件事,要以"正确"为前提,如果这个条件不存在,后面所做的事就会偏离方向,甚至越做离目标越远。

森林管理员走进一片丛林,认真地清理灌木丛。

费尽千辛万苦,他终于清除完了这片灌木丛,刚直起身来准备享受一下辛苦劳作后的乐趣,却忽然发现:旁边还有一片丛林,而那才是真正需要他去清除的任务。

大量研究表明,在工作中,人们总是依据各种准则决定事情的优先次序。有一项关于"人们习惯按照怎样的优先次序做事"的调研,其结果大致如下:

○ 先做有趣的事,再做枯燥的事。
○ 先做熟悉的事,再做不熟悉的事。
○ 先做容易做的事,再做难做的事。
○ 先做别人的事,再做自己的事。
○ 先做喜欢做的事,再做不喜欢做的事。

○ 先做已发生的事，再做未发生的事。

○ 先做紧迫的事，再做不紧迫的事。

○ 先做经过筹划的事，再做未经筹划的事。

○ 先做已排定时间的事，再做未经排定时间的事。

○ 先处理资料齐全的事，再处理资料不齐全的事。

○ 先做只需花费少量时间即可做好的事，再做需要花费大量时间才能做好的事。

○ 先做易于完成的事或易于告一段落的事，再做难以完成的事或难以告一段落的事。

○ 先做自己所尊敬的人或与自己有密切利害关系的人所拜托的事，再做自己所不尊敬的人或与自己没有密切利害关系的人所拜托的事。

上述的这些准则是多数人思考问题的方式，但这却是非精要主义的思维。精要主义注重的不是如何完成更多的事情，而是如何做好正确的事情。

管理大师彼得·德鲁克说过："效率是以正确的方式做事，而效能则是做正确的事。效率和效能不应偏颇，但这并不意味着效率和效能具有同样的重要性。我们当然希望同时提高效率和效能，但在效率和效能无法兼得时，应先着眼于效能，再设法提高效率。"

效率 VS 效能，正确地做事 VS 做正确的事，是两组并列的概念。

非精要主义者关注的重点，通常是"效率——正确地做事"，就像森林管理员一样，用最快的速度清除灌木丛。精要主义者关注的是"效能——做正确的事"，确保自己所做的事情是对的、是有价值的。

从时间管理的角度来说，做正确的事情，往往能为我们的工作提供一种思路和方向，接下来，我们只需按照这个方向或目标去做事就行了。此时，我们是在一个相对稳定的方向上努力着。然而，把事情做对，仅仅是工作的过程，虽然也强调了效率，可如果不能把效率用在正确的方向上，所谓的效率就只会造成更严重的伤害。

正确地做事，无疑能让我们更快地朝着目标前进；如果做的不是正确的事，那么所有的努力都变得毫无意义。很多时候，选择比努力更重要。选择是方向的问题，选择错了，方向就错了，努力就成了白费。

那么，怎样才能让自己成为一个"做好正确之事"的精要主义者呢？

第一，当多种问题同时存在时，要站在全局的高度思考问题，避免短视。有些问题之间是有关联的，有些问题之间则不存在关联。对于有关联的问题，要作为一个整体去研究解决策略；对于不存在相关性的问题，要进行识别分类，以此提升解决问题的效率。

第二，工作是一个处理和解决问题的过程，有时问题和解决办法就摆在眼前，但有时却需要抽丝剥茧，找出真正的根源问题。所以，在行动之前，你必须确认自己正在解决的问题是根本问题。切记要忙在点子上，解决最重要的、最根本的问题。

不要把别人的问题，变成你的问题

◎ 选择的能力

> 一旦我们放弃自己的选择能力，别人就会插手，替我们做出选择。

精要主义者非常重视选择能力，且将其视为一种战无不胜的力量，认为它的存在独立于其他任何事物、任何人以及任何力量。在精要主义者的养成之旅上，必须掌握的第一种且最重要的一种能力，就是做出选择的能力。

选择是困难的，因为它意味着拒绝一件或多件事情，但选择又是必不可少的。许多人之所以会拖延，恰恰是因为不懂或不敢拒绝：为了避免社交尴尬和压力，或是追求取悦别人之后的那种自我感动，在面对他人的请求时自动说"Yes"，完全不假思索。当那份兴冲冲的感觉过去之后，随之而来的就是懊悔和折磨。待到那时，他们才清醒地认识到自己即将面临一种不愉快的处境：为了兑现承诺，不得不牺牲更重要的东西。

> 比尔·翁肯提出过一个"猴子管理法则"，意在告诉人们："每个人都应当照看好自己的猴子。如果你是一个珍惜时间的人，就不要随随便便去接别人扔过来的猴子。如果有人总是把他的猴子丢给你，而你也接受了，那么你的生活和工作会变得一团糟，因为你要花费大量的时间去照顾别人的猴子。"

也许你会问：如果别人要我去背负他们的猴子，或者他们的猴子正骑在我的背上，我该怎么办呢？对此，专家给出了这样的回应和建议：

> "虽然这个世界上到处都是猴子，但你只需要挑选出一只你真正关心的即可。如果可以，让别人去照顾他们自己的猴子，如果他们不想处理，你也不应当试图解决别人的问题。偶尔伸出援手没什么，但千万不要让人以为，你可以随意接受任何人的猴子。这样你才能够避免浪费自己的时间。"

实际上，这就是精要的价值主张，也是选择的要义。

精要主义提倡，拒绝不重要的事情，以便应承真正重要的事情；拒绝接受自己可以做所有事情的想法，尽可能做出最明智的时间和精力投资。这种选择不是应激性的，而是有意识地区别"重要的少数"和"不重要的多数"，区别"自己的猴子"和"别人的猴子"。

拒绝非精要之事，意味着要对一些人说"不"，且是经常性说"不"。毫无疑问，这样的做法意味着要将一些社会期待拒之门外，是需要勇气的。所以说，排除非精要之事，不仅是心智的训练，也是情感的训练。那么，该怎样优雅地说"不"呢？

在拒绝他人的请求时，可以尝试按照下列的步骤去做。

·Step1：把决策和关系区分开

当他人向你提出请求时，不要把这个请求与你和对方的关系搅和在一起。有时，它们看上去关联甚密，以至于让你混淆了逻辑，认为拒绝这个要求就是在否定这个人。只有把决策与关系区分开来，才能做出理性的选择，然后另外找到勇气和方式来传达它。

·Step2：认真听对方把话说完

认真听完对方的请求，哪怕听到一半时，就已经知道非拒绝不可，也要听对方把话说完。这样做是为了表示对请求者的尊重，也是向对方表明，自己对事不对人。

·Step3：拒绝≠必须使用"不"

拒绝，不意味着必须直言不讳地说"不"。

如果当时无法决定接受或拒绝，你可以告诉对方："我还需要考虑一下。"然后确切告知自己所需要考虑的时间，以免使对方误以为你在用考虑做挡箭牌。

如果当时你已经决定不接受，也可以这样说："您能想到我，我很感谢，但我恐怕爱莫能助。"或者"我内心很想帮您，但我实在是力不从心了。"

总之，拒绝接受请求时，态度要诚恳，但立场要坚定，不能拖泥带水。要让对方感觉到你是真的无能为力，同时也让对方不再有继续说服你的念头。

对他人的请求说"不"，可能会在短时间内对关系产生一些影响。毕竟，当一个人提出要求却没有得到满足时，第一反应很可能是失望、烦恼或气愤。可是，当最开始的负向情绪消退后，尊重就会显露出来，一旦你有效地回绝了对方的请求，就等于告诉对方，我们的时间和精力是有限的，也是很宝贵的。

> 精要主义者，不会把自己变成"滥好人"，也接

受自己无法时刻被所有人喜欢的现实。心怀敬意、合情合理且优雅地说"不",虽然会在短期内带来社交成本,可是精要人生的题中之义就是,认识到从长远来看摆脱忙碌辛苦、拖延无为比勉强硬撑更重要,受他人尊重比被他人喜欢更重要。

保护身心资产,睡觉不是浪费时间

◎ 睡觉≠浪费时间

> 睡眠能够让你更有能力探索世界,建立联系,在醒着的时候做得更少,但更好。

林岚呆呆地坐在床上,内心感到无比慌张。没过一会儿,她就开始出汗,脑袋懵懵的。到底发生了什么事?难道是晚饭吃的东西不太对?林岚抬眼看了一下挂钟,当时是凌晨2:10,她试图躺下继续睡觉。

第二天晚上,同样的状况又出现了。她认为,这可能是药物反应,毕竟前一周刚从国外出差回来,为了倒时差,她服用了一些药物。然而,情况并没有她想得那么乐观,随着时间的推移,失眠反倒是越来越严重了。

最近的三四年里，林岚出差的时间占据了工作时间的三分之二，睡眠困难也会断断续续发生。尤其是赶夜里的航班或是倒时差，她的睡眠时间和质量就更差了。刚刚过完37岁生日的林岚，明显感觉自己的精力和体力不如从前了，这样的工作节奏也给她的健康和工作能力带来了威胁。由于睡眠障碍，她的身体开始频繁出现不适：心律不齐、腿部肿胀、消化障碍、血压低。

林岚已经有过两次看急诊的经历，医生也告诫她必须调整生活习惯。她总安慰自己说，完成这个项目后就放慢节奏，可忙完后紧接着又开始跑下一个项目，然后是下下个。她心里很清楚，这样下去不是办法，可缩减工作也是有成本的，需要做出取舍，她不甘心。

很快，林岚就为自己的行为付出了代价，并且尝到了恶果。作为培训师的她，在最近的两次演讲中，由于身体不支，被迫告别讲台。毫无疑问，这给客户和公司都带来了损失。

公司决定，让林岚休假2个月。她原本以为，经过休整，自己可以恢复到原来的状态。不承想，她彻底动弹不了了，每晚的睡眠时间竟然长达13小时，醒来后也是周身无力，似乎什么都做不了。她又去看医生，得到的建议是，她需要休息更长的时间。

几经思考，林岚向公司提出辞职，她需要换一种生活方式，从饮食习惯到生活作息，用全新的思维理解自己在这个过程中学习到的东西——身心是最珍贵的资产。

对现代人来说，睡眠不足是常见的问题，有些人是为了事业奔忙，有些人则是娱乐至上，可代价都是牺牲睡眠。在刷手机娱乐的人看来，少睡一会儿没什么大不了的，难得清闲；而在工作狂人看来，睡眠是一种无法摆脱的麻烦，很浪费时间，他们甚至去试验超常规的方法，试图减少睡眠时间，以此来创造成效。

> 主观上认为减少睡眠没有问题，不等于在客观上没有影响。

有一项睡眠研究要求参与者一天之内只能每4小时睡20分钟，在技术层面上这种睡眠安排可以满足人的生存需求，但它也存在着不可忽视的缺陷，比如：参与者在醒着的时候，大脑几乎是不工作的，更别说制订计划，为事情排出优先等级了；想要进行选择或决策，也显得很困难；要去粗取精、区分重要和不重要的事，几乎更是不可能的。

在精要主义者看来，睡眠更多时候是实现个人贡献峰值的必要条件，他们会在工作日程中系统地、有意识地为睡眠留出一席之地，通过保护自己的身心资产，为自己补充精力和创造力。深谙精要主义的比尔·盖茨表示，他人生中的每一次严重失误都是在睡眠不足的情况下发生的。自那以后，他保证每晚睡8小时。

> 选择当下做更少的事情，以便在将来做得更多、更好，这就是一种选择和取舍。德国吕贝克大学的一项研究结果显示，一个完整的夜间睡眠可以增强大脑的功能，提升解决问题的能力。在睡觉的时候，大脑会努力对信息进行编码和重构。当醒来时，我们的大脑可能已经建立了新的神经细胞之间的联结，能够为解决问题打开更广阔的思路，提供更多的解决方案。

如何才能拥有优质的睡眠呢？在此，提供一些简单实用的方法。

·1. 把睡眠作为精要之事

思想决定行为。习惯牺牲睡眠的人，往往是在观念上认为睡眠没那么重要；倘若把睡眠作为精要之事，认识到它的价值远超过其余多数的事情，就不会轻易将它忽视。所以，要改善睡眠，第一步是改变观念，把睡觉视为对思想、身体和精神的投资。

·2. 判断自己的最佳睡眠时长

每天几点睡觉，睡几个小时合适？这个问题的答案不是绝对的，因为个体存在差异性，需要根据自身的情况来定。想知道自己睡几个小时合适，最简单的办法就是，连续一周保持同一睡眠时间，如每天睡7小时或8小时，观察自身的情况。

·3. 睡前1小时远离电子设备

褪黑素的作用是调节昼夜循环，让人晚上感到困，早上准时醒来。手机、iPad或其他电子屏幕发出的蓝光，会抑制体内褪黑素的分泌。睡前在蓝光下暴露太久，则让人感觉不到困意，直到身体透支到再无法支撑任何消耗，才能进入睡眠状态。第二天，无论早起还是晚起，都很难消除疲惫感。

·4. 利用小憩来补充精力

每一个职场人的世界，都不可避免地充斥着加班的任务。科学家通过实验研究发现，一周之内晚睡的极限是2次，在这样的情况下做适当的补救，精力还是可以恢复的。如果前一天晚上睡得迟了，第二天一定要留出小憩的时间，这非常重要。

日本的睡眠研究员发现，每天下午的3~4点是一个人精力最低的极限点，也是最困的时候。所以，在下午1点~3点之间，不妨小憩一会儿，帮助自己快速地恢复体力和精力。小憩的时间最好控制在20~30分钟，最长不超过40分钟，否则的话就会进入熟睡期和深睡期，很难被叫醒。若是硬着头皮起来，也会感觉晕头晕脑，像没睡一样。

- **5. 吃好吃对晚餐也有助于睡眠**

晚餐的饮食尽量清淡，少油腻，六七分饱即可。避免吃刺激性的食物，如辣的、酸的，这些食物可能会导致胃灼热，加重焦虑感。如果晚餐吃得不多，睡前1.5小时可以喝杯温热的牛奶，也有助于睡眠。

想获得优质的睡眠，不是通过某一方面的改善就能实现的，需要多管齐下，养成良好的、规律的习惯。可能开始时不太容易，但坚持过后你会发现，一切都是值得的。

忽略沉没成本，及时止损就是赢

◎ 沉没成本效应

> 沉没成本效应是指，由于已经投入其中的成本无法收回，而对某项已知的亏本生意继续投入时间、金钱和精力的倾向。事实证明，舍不得沉没成本流失，希冀它可以产生收益，往往会造成更大的损失。

明尼苏达大学的一位神经科学博士及其团队，进行过一项有趣的"餐厅探险"实验：

他们设计了一个含有4个鼠食餐厅的迷宫，不同的鼠食餐厅位于迷宫的不同位置，里面分别放置了葡萄、巧克力、酸奶、香蕉四种不同的食物。迷宫里的每一个餐厅都有两个区域，一个是进食区，一个是候餐区。

假设老鼠初次进入香蕉餐厅，它可以在进食区吃到香蕉这一特色美食，但量非常少，吃完就没了。如果老鼠想再次吃到香蕉，它就要在候餐区等一段时间，香蕉才会掉落在进食区。当然，在候餐区等待食物掉落的过程中，老鼠也可以选择放弃，转而去其他三个餐厅觅食。但无论去了哪个餐厅，它都必须在该餐厅的候餐区乖乖等上一段时间，才能吃到美食。

整个实验的时间共计30分钟，这就意味着，合理分配时间对老鼠而言至关重要。那么，老鼠为了吃到特色美食，会做出怎样的选择呢？

实验结果显示：老鼠选择在某一候餐区继续等下去的意愿，会受到已等待时间的影响。换言之，在某一候餐区等待的时间越长，老鼠就越不愿意改变自己的决定。

很多人在现实生活中遇到相似的情境时，也会考虑到那些已经发生且无法收回的支出，如时间、金钱、精力等，并对之前的投入与付出感到难以割舍。

绝不拖延
战胜焦虑、懒惰与混乱的心理学

——下雨天的晚上,原本是想坐公交车回家,可是等了20分钟车还没来,于是就冒出了一个想法:要不打车回吧?可转念一想:都已经等20分钟了,就这样放弃是不是太可惜了?万一公交车马上就来了呢?要不然再等等?

——朋友推荐一本书,心心念念,买了回来,拆开来看却发现,里面的内容和自己预想得完全不一样,有种失望的感觉。可是买书的钱已经花了,书也读了一半,难道就这么扔一边吗?

——亲自带出来的一位下属,原来表现还不错,但这一两年的业绩明显下滑,且态度也比较松懈,是要继续留用他,还是另请高明?毕竟,培养他也花了不少的时间和心血啊!

——新入职一家公司,工作了三个月即将转正,但心里总是隐约觉得,这份工作的内容以及整个公司的氛围,不是很符合自己的预期。可已经工作了三个月,马上就要转正,结束只拿80%工资的日子,这时候辞职是不是太亏了?

上述的这些情景和思考问题的方式,在生活中实在太普遍了——我已经为某件事情付出了这么多,如果坚持下去就可能会成功。请注意,这是非精要主义的陷阱!

> 🔔 从理性的角度来说,沉没成本不应该成为当前决策的考量因素,因为其代表了过去,是指由于过去的决策已经发生了的而不能由现在或将来的任

何决策改变的成本。只是人们出于想要挽回成本的心理，在当下作决策时，会把之前的投入考虑进去，难以舍弃。

那么，沉没成本到底算不算成本呢？经济学对成本的定义是"放弃了的最大代价"，成本一旦沉没了，就不再是机会成本，也不能够作为现在或将来决策的参考变量。

> 🔔 《人生本就不易，你要学会止损》中有一段话，颇具深意："在感情中，当你付出真心却换回来刀子，你的感情就应该进入止损流程；在职场上，当你做着一份不喜欢的工作，拿着不快乐的薪水，那么这份工作就应该进入止损流程；在人际交往中，当你的情分被当作义务，一味被滥用的时候，你的善良就该进入止损流程。"

面对沉没成本，非精要主义者依依不舍、不愿迷途知返，精要主义者却敢于承认错误，以"当下"为起点，对自己发起理性的询问：

〇 如果不是之前已经有所投入，我现在愿意对这件事情投入多少？

○ 如果我就此罢休，这些时间和金钱可以用来做什么？

从长远来看，如果你现在所做的事情，正在朝着你不需要的方向发展，就说明里面的某个环节出了问题，你要停下来反思，而不是拖延着不去管它。如果你的努力一直没有改变现状，甚至让你丧失了掌控感，你也要思考，是不是哪里出了问题，要及时地解决。

> 不是所有的坚持都有意义，要意识到有些事是错误的，要及时止损。在错误的路上义无反顾地坚持，就像是站在一条死胡同里，还希冀着快点抵达终点。这样的坚持没有任何意义，只会把人生中真正重要的、有益的事情耽搁。

建立外在的秩序，拥有内在的自由

◎ 外在秩序

建立外在的秩序，可以给内心带来更多的空间与自由，有助于提升自信，感到凡事皆有可能。建立秩序不在于拥有的物品的数量，而在于是否真的想要自己所拥有的物品。

○ 为什么逛街会让人感觉疲惫不堪？
○ 为什么衣服多了会觉得无衣可穿？
○ 为什么乱糟糟的办公桌面会影响工作效率？
○ 为什么房间里的物品多了会让人心生烦乱？

> 原因是，逛街买东西要挑选，挑选就要权衡对比；衣服多了要选择，作决策就要消耗精力；混乱的环境会瓦解人的意志，让人烦躁不安、效率低下；物品多了要整理，整理花费的时间和精力与物品数量成正比。

在物资短缺的岁月，谁持有的货物多，谁的生活就会好一些。可在物质丰盈的时代，生活已不再如从前，持有也不代表幸福，更不能等同于美好。精要主义强调精减不重要的事物，清除障碍，为精要之事提供清晰顺畅的实现路径。

我曾经把大量的时间耗费在关注各种微信大号、微博大咖，以及眼花缭乱的App上，热衷于囤积衣物、家居用品、各种摆件……然而，多数的信息内容我并没有记住，常用的App依旧是那几个，大量的物品让家里的空间愈发逼仄，而我却没有感受到"拥有"和"多"的美好。从那时开始，我决定摆脱混沌的状态，对物品进行舍弃和精简，清除无用的东西，不让过多的物质侵占我的空间和生活。

事实证明，断舍离对治愈拖延、提升工作效率和生活品质有积极的效用。当书桌上只剩下一盏台灯、一台电脑时，再没有任何物品耗散我的注意力；当衣橱里只剩下几套精致而舒适的衣服时，再不用耗费时间纠结于选择……从简后的生活，使我感觉世界变得清净了，真正要做的、发自内心想做的事情，也开始清晰地浮现出来。

> 美国作家布鲁克斯·帕玛说过："垃圾或杂物，包括你保留的但对你不再有用的东西。这些东西可能是损坏了的，也可能是崭新的，无论如何，它们都已经失去了价值，所以成了垃圾。这些东西一无是处，当然不能提高你的生活品质。相反，它们是优良生活的牵绊，是焕发生机的阻碍，也是你必须清除掉的绊脚石。"

丢掉无用的杂物，不仅仅是一项清洁工作，更是打破固有的生活模式和习惯性的思维，建立外在的秩序，告别匆忙和局促不安，节省时间、金钱和空间，凸显出更重要的、更有价值的东西。当我们置身于有序的环境中时，内心也会变得平静，从而获得高质高效的人生。

那么，如何摆脱多余物品的缠绕，建立外在的秩序呢？

·1. 阻断无用的物品进入自己的生活

如果添置一件物品只是出于欲望，而没有实际的用途，或是使用频率极低，把它带回来的结果，不仅是侵占空间，还会在未来的日子里，为这个没有太多实际用途的物品，消耗时间和精力去整理和收拾。当你能够把不需要的、无价值的物品挡在家门之外时，也就具备了阻止不适合的、不舒服、不需要的人和事进入自己生活的能力。

·2. 及时舍弃不使用的闲置物品

建立外在秩序，也可以借鉴"二八法则"，即具有实际价值且还在发挥作用的物品，只占所有物品的20%，80%的生活所需是由这20%的物品提供的。舍弃生活中不重要的80%，剩下的20%会让我们收获更多。

舍弃物品的原则，是以"我"作为判断的主体：我现在是否需要它？它现在是否适合我？继续持有它会消耗我多少额外的时间和精力？舍弃它能让我释放多少精神负担？如果总考虑这件物品有没有用、能不能用，总是考虑在这件物品上花了多少钱，就是以物品为主体了。

物品终究是为人服务的，只有将"我"作为主体，才能从混乱和无序中解脱出来。无论东西有多贵，多稀有，按照自己所需来判断物品的去留，既是一种勇气，也是一种智慧。

·3. 扔掉待修理的老旧物品

那些老旧的、坏掉的家用电器、手表、玩具、厨房用品等,如果它们无法奇迹般地自行复原,或是即便花费不少的时间精力能够修理好,但也不太好用,那就干脆扔掉吧!

·4. 丢弃牵绊自己前行的物品

《丢掉50样东西,找回100分人生》的作者盖尔·布兰克说:"如果有些东西让你心情沉重或感觉不好,让你觉得疲倦,或让你在生活和工作上无法更进一步,它就得离开。我们应该用'它让我感觉如何'为标准,仔细检查周遭每一样用品。"

远离牵绊自己前行的事物,脱离对物品的执念,才有更多时间和精力轻装上阵,重建内心的秩序,拥有款待自己的空间,更好地掌控生活。

精要主义提醒我们,不要再把情感、精力、空间用在那些毫无价值的事物上,列一个用品清单,关注什么才是自己真正喜欢和需要的东西,把那些不再重要、不再需要的东西彻底清理掉,腾出更多的空间给现在,才能更好地享受此时此刻的生活,做真正有价值的事情。

Part 7
深度的专注

减少对分心事物的关注与沉迷

绝不拖延
战胜焦虑、懒惰与混乱的心理学

保持工作重心，对抗琐碎的干扰

◎ 拉金式问题

> 20世纪70年代，阿兰·拉金提出了"拉金式问题"："此时此刻，我的时间最好用来做什么？"提出这一问题的最佳时机，就是在工作任务中断、走神、效率不高、需要临时作出决策的时候。

星期五，天气晴朗，微风送暖。

昨天上司要求牡丹修改一张图纸，并在周五下班前发给客户。为此，牡丹早早来到公司，惦记着把这项任务高效地处理好。不过，刚坐到工位上，她就被同事桌子上的杂志封面吸引了，她忍不住拿起来翻看，又顺带着看了点其他的内容。等她放下杂志，看见墙上的钟表时，才意识到竟然过去了半个小时。

时间跑得太快了，得赶紧干活！牡丹打开图纸，刚处理了十几分钟，电话铃声响起，某位同事在电话里气喘吁吁地说："丹丹，你在公司吗？能不能打开我的电脑，帮我传一份文件？我今天有事请假了，去不了公司……"牡丹赶紧帮同事找文件、传送，又在微信上闲聊了两句，前后用了20多分钟。

她重新把注意力拉回到图纸上时，已经9点半了。到了11点多，同事开始询问牡丹午饭吃什么。于是，她又跟同事琢磨了一下点外卖的事……午饭过后，老板突然召集员工开会，说公司要调整工资制度，等会议开完了，都已经2点多了。

此时，距离交图纸还有2个多小时，牡丹马不停蹄地修改着，连喝水的工夫都没有。等到4点多钟的时候，客户等不及了，打电话来催。无奈之下，牡丹只好把自己修改得七八分好的图纸发过去。勉强交差后的牡丹，心情特别郁闷，和早晨上班时的心情大相径庭：明明安排得很好，怎么还是效率这么低？

牡丹在工作上的低效，是意外干扰所致，其他事项打乱了她原本的工作安排，影响了任务进度，使她陷入被动拖延的泥沼。身处现代社会，工作和学习的环境很"嘈杂"，这个嘈杂不只是说建筑物旁马路上的鸣笛声，办公室里的机器声，恼人的电话铃声，纵然没有这些有声的事物，我们的心神也会被即时通信软件干扰，这都是打断工作进度的"时间盗贼"。

> 日本学者对于时间浪费进行过一次调查，结果显示：人们通常每8分钟会受到一次打扰，每小时大约7次，每天50~60次。平均每次打扰的时间

> 大约是 5 分钟，每天被打扰的时间加起来有 4 小时左右，相当于工作时间的一半。
>
> 在这些被打扰时间中，有 3 小时的打扰是没有意义和价值的，而在被打扰后重拾原来的思路，至少需要 3 分钟，每天就是 2.5 小时。这一统计数据明确显示：每天因打扰而产生的时间损失大约是 5.5 小时，按照 8 小时工作制算，占据了工作时间的 68.8%！

如果你所处的工作环境中，布满了各种促使你分心的干扰和诱惑，那么哪怕是最简单的任务，也会像吸满了水的海绵一样膨胀到原来的N倍，让你难以承受。不想被干扰影响，就要提前做好准备，这里有几点建议可供参考。

· 1. 在关键时刻向自己提出"拉金式问题"

当你被电话或访客打断的时候；当你感觉自己走神的时候；当直觉告诉你，你并没有很好地利用时间的时候；当你发现自己很可能会拖延某项工作，或是中途停止重要任务的时候；当你同时应付两个不同项目、忙得焦头烂额，或是转向其他工作的时候……总之，当你不确定自己到底应该做些什么的时候，你要向自己提出"拉金式问题"——我现在最应该做什么？

·2. 培养自控力,提升对嘈杂的免疫力

不少名人都曾故意让自己置身于吵闹的环境中,以此锤炼内心的宁静。据说,股神巴菲特为了培养自己的注意力,让心绪少被外界因素干扰,每天特意带着书去菜市场看。这种做法,让他养成了日后在任何时间、任何地方都能很好地学习的能力。

平时,我们也要培养自控力,提升对嘈杂环境的免疫力,不能一有风吹草动就分神。出现了分神的迹象时,要及时把注意力拉回当下正在做的事情上。

·3. 主动营造一个免打扰的环境

决定开始一项工作时,可以主动为自己营造一个免打扰的环境,比如:把电脑桌面上所有的私人社交、娱乐窗口关掉;不得不处理的邮件,安排一个固定的时间点处理。这样一来,就能减少很多来自网络的干扰。

·4. 尽可能选择清幽的场所做事

在喧嚣嘈杂的环境里,强迫自己集中注意力,是一个提升自在心性的考验。不过,对于许多人来说,这并不容易做到。如果你感觉外界环境给你造成了干扰,而你无法通过自控能力对其免疫,那么不妨带着工作或学习资料,选择一处清幽的场

所，以确保能够安静地做事。

总而言之，要克服拖延，抵制零零碎碎的意外干扰，需要通过自我和外界的共同作用。自控力强时，就通过自控力来排除干扰；自控力差时，就想办法为自己创造条件排除干扰。

感受身体的状态，用好精力峰值时刻

◎ 精力管理

> 精力管理，就是主动全面掌控自己的体力、专注力、意志力，让自己长期保持收放自如的状态，有可持续的信心和能力去应对挑战和变化。

早在20世纪初，德国医生费里斯和奥地利心理学家斯沃博特就发现了一个奇怪的现象：有些病人因为头疼、精神疲倦等，每隔固定的天数就会来就诊一次。

在跟这些病人深入沟通后，他们分析总结出一条规律：人的体力状况变化以23天为周期，而人的情绪状况变化则以28天为周期。

20年后，另一位叫特里舍尔的人，根据自己学生的智力

IQ变化分析总结出：人的智力状况变化以33天为周期。

在这些理论的基础上，后来的科学家们又陆续发现了一些事实：人的"体力状况、情绪状况、智力状况"按照正弦曲线规律变化；人的"生物三节律"，又可分为"高潮期""低潮期""临界期"。

人在"高潮期"时，心情舒畅、精力充沛，工作效率最高；在"低潮期"时，心情低落，容易疲劳，工作效率较低；在"临界期"时，人的体力、情绪、智力会呈现不稳定的状况，工作易出现失误。

生活中，我们常常会有这样的感觉：前一秒还是精力充沛，激情满怀，后一秒就开始消极颓废，满脸倦容。很多人觉得是情绪波动所致，但其实这是一种正常的现象。

人的体力与大脑机能，在一天的时间内本就存在起伏。通常来说，10：00~11：00、15：00~17：00、20：00~21：00属于黄金时间，做事效率比较高，适合从事有难度和挑战性的工作。

精力峰值时刻，是精神与生理恰到好处的结合，在任何人的生命里都是平等的，不是你有我没有，我有他没有。如果你不浪费它，它带给你的回报也是翻倍的。

每个人的情况不尽相同，从事的工作性质也不一样，所以关于精力峰值时刻，我们无法提供一个固定的、标准的"时间节点"。我们要结合实际情况，鉴别自己的精力峰值时刻。

你可以制作一张表格，横向标注星期几（周一、周二等），竖向标注时间段事项（6：00~7：00，7：00~8：00等），记录精力等级（1~5级），备注详细的活动事项（会议、用餐等）。将这一情况记录坚持执行2周以上，观察其中的"规律"。

你可能会发现，早上8：00~11：00这一时间段，你的精力非常充沛；在15：00以后会感到疲惫，注意力难以集中。同时，你还可能会发现，不同的活动也会影响你的精力水平，比如会议让你昏昏欲睡，而进行创意性工作却能让你精神抖擞。

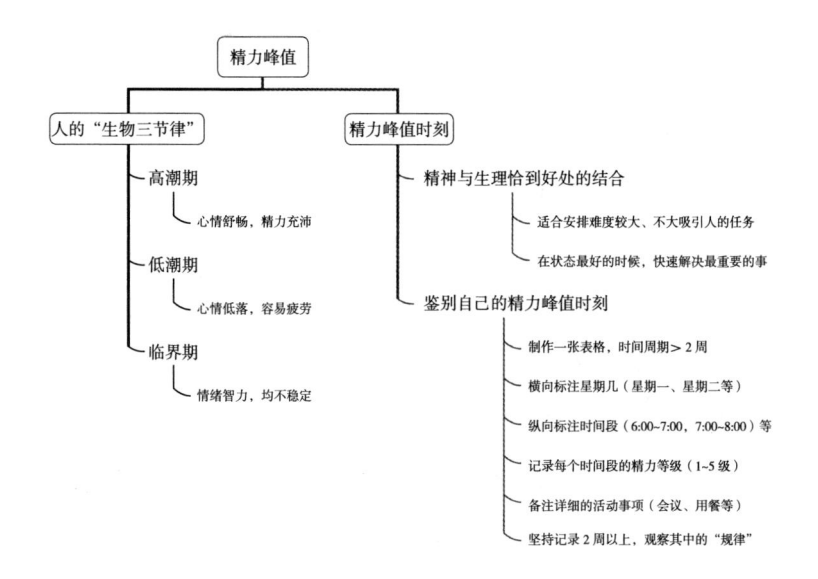

```
                    精力峰值
         ┌─────────────┴─────────────┐
    人的"生物三节律"              精力峰值时刻
         │                           │
       高潮期                   精神与生理恰到好处的结合
         └─心情舒畅，精力充沛         └─适合安排难度较大、不大吸引人的任务
       低潮期                         └─在状态最好的时候，快速解决最重要的事
         └─心情低落，容易疲劳     鉴别自己的精力峰值时刻
       临界期                         ├─制作一张表格，时间周期＞2周
         └─情绪智力，均不稳定         ├─横向标注星期几（星期一、星期二等）
                                      ├─纵向标注时间段（6:00~7:00, 7:00~8:00）等
                                      ├─记录每个时间段的精力等级（1~5级）
                                      ├─备注详细的活动事项（会议、用餐等）
                                      └─坚持记录2周以上，观察其中的"规律"
```

当你找到了自己每天的精力峰值时刻，就可以把那些难度较大或是不太吸引人的任务，安排在这一时间来做，让重要的事情在自己状态最好的时候快速得到解决。至于那些简单的、琐碎的事务，可以安排在精力波谷期或利用碎片时间去完成。

提升专注力，胜过延长工作的时间

◎ 专注力公式

> 日本神经科医生、作家桦泽紫苑提出一个理念：如果能够想办法提升自己的专注力，就可以提高工作效率，用公式表示，即专注力（工作效率）×时间=工作量。

时间的稀缺与重要性无须赘述，各种与时间管理相关的方法遍布网络，比如：乘坐公交地铁的1小时，不要只顾玩游戏，将其用来读书；缩减每天查看邮件的次数，利用节省下来的时间去做其他事；把碎片化的时间利用起来，完成一件有意义的事……无论是哪一种形式，其基本思想都是相通的，即时间置换。

不可否认，这些方法有一定的效用，可即便如此努力，多数人仍然会感觉——时间太少、根本不够用、一天做不了几件事！为什么没有不必要的时间浪费，效率却得不到提升呢？原因就是，以时间为核心来进行任务分配，无法突破一天只有24小时的壁垒。

刚从事自由职业时，我也是按照时间来给自己安排工作。除了不需要通勤以外，其他的作息基本和坐班没什么差别：8：30开始工作，11：30准备午餐，12：00吃过午餐后，休息1.5小时，直至17:00停止工作。

这样的安排有利有弊，益处是作息规律，弊端是每天的文字"输出量"不固定，状态好时可以多写点儿，状态不好可能连一篇文章也写不完。不仅如此，我还没有空余时间去做喜欢的事情，如读书、运动，都得安排在"下班"以后。显然，这完全是另一种形式的坐班，根本没有让自由职业实现价值最大化。

后来，我无意间看到了日本神经科医生、作家桦泽紫苑提出的一个理念：如果能够想办法提升自己的专注力，就可以提高工作效率。在相同的时间内，可以轻松将工作量提高两三倍！用公式表示，即专注力（工作效率）×时间＝工作量。

大脑存在黄金时间段，在专注力高的时间段，处理需要高度专注的工作，那么产出的工作量就会增加。我开始尝试用这种方法工作，把写作的任务安排在专注力最高的时段（8：30~11：30），在这3小时中专注地写稿。为了保证稿件的进度，我给自己定了每天完成5000字的任务量。

实践之后，我惊喜地发现，专注写作3小时，基本上可以完成这一任务量的70%，也就是3500字左右。这样的话，午休后再工作2小时，基本上就能完成每天的既定任务了。如果某一天状态特别好，思路清晰，一个上午也能把工作处理完。

这样一来，节省出来的时间，我都可以自由安排。如果是专注力还有一些剩余，我会用来读书或听书，做一点读书笔记。当感觉有点疲劳时，我会及时停下来，按照桦泽紫苑的另外一条建议，借助运动来重启专注力。这是一举两得的事，既能养成规律运动的习惯，还能让身体和头脑重新充满活力。

> 有氧运动对头脑是很有益处的，作为神经科医生的桦泽紫苑解释说：我们在进行有氧运动的时候，大脑会分泌一种名叫脑源性神经营养因子的物质，它对脑神经的成长发育和正常运转发挥着至关重要的作用。此外，大脑还会分泌一种叫作多巴胺的神经递质，能提高人的兴致，使人产生幸福感。适度的运动，不仅能提高人的专注力，还可以让记忆力、思考能力、工作执行能力等多种脑机能得到提高。

大汗淋漓的畅快感，会消除疲惫，让专注力重启。这个时候，我会重新进入学习或工作状态，有时是阅读心理学专业的书籍，有时是更新公众号的文章，抑或是为后续的工作任务做准备，列出框架或要点，这样也有助于第二天更高效地启动工作。

借助这些分享，希望大家能够对时间管理有一个新角度的认知。毕竟，时间管理的本质不是时间，而是效率。与其把时间进行分割，不如按照专注力高低来进行任务分配，在适合的时间做适合的事，以求获得高效的工作与优质的生活。

不停地切换任务，会浪费时间和精力

◎ 注意力残留

> 大脑在进行任务转换时需要时间，试图从一件事情切换到另一件事情时，注意力无法随叫随到，还会在前一件事情上徘徊，这就是注意力残留现象。

世界上人口最密集的地方，恐怕要数只有10平方米的纽约中央火车站问讯处了。每天，那里都是人头攒动，旅客们争相询问着自己的问题，都希望立刻得到答案。在问讯处工作的服务人员，承受的紧张和压力可想而知。他们是不是忙得焦头烂额，不知该从哪儿下手去做呢？为此，曾有人记录下了他们在工作中的一个真实片段：

柜台后面的那位服务人员看起来一点儿也不紧张。他身材瘦小，戴着眼镜，看起来很斯文，脸上的表情镇定自若，轻松自如地应对着眼前的一切。

他面前站着的旅客，是一位矮胖的妇人，头上扎着一条丝巾，已被汗水湿透，眼神里充满了焦虑与不安。问询处的先生倾斜着上半身，以便可以听到她的声音。"您要问什么？"他把头抬高，集中精力，透过厚厚的镜片看着这位妇人，"您要去哪里？"

这时候，有一位穿着时尚，一手提着皮箱，头上戴着昂贵帽子的男士，试图插话进来。可这位服务人员就像没看见一样，继续和这位妇人说话："您要去哪儿？"

"春田。"妇人回答说。

"是俄亥俄州的春田吗？"

"不，是马萨诸塞州的春田。"

他根本无须看行车时刻表，直接告诉她："那班车是在10分钟之内，在15号站台发车。您不用着急，时间还很充裕。"

"您说的是15号站台，对吗？"

"是的，太太。"

等女人转身离开，这位服务人员才把注意力转到那位戴着昂贵帽子的男士身上。可是，没过多久，那妇人又回头来询问站台号码。"您刚刚说的是15号站台，是吗？"这回，服务人员没有理会，而是集中精力为戴帽子的男士服务。

有人请教那位服务人员："你能不能告诉我，你是如何做到保持冷静的？"

"我没有和公众打交道，我只是单纯地处理一位旅客。忙完一位，再换下一位。一整天下来，我一次只服务一位旅客，却一定要让这位旅客满意。"

> 心理学家爱德华·哈洛韦尔做过一个形象的比喻："一心多用就像是打网球时用了三个球，你以为能面面俱到，以为自己的效率很高，可以同时做两件或者多件事情，实际上不过是你的意识在两个任务之间快速切换，而这每一次切换都会浪费一点时间、损失一些效率。"

思考最大的敌人就是混乱，神经学家发现：人的大脑通过语言通道、视觉通道、听觉通道、嗅觉通道等来处理不同的信息。每一种通道，每次只能处理一定量的信息，超过了这个限度，大脑的反应能力就会下降，非常容易出错。

太多的信息会妨碍正常的思考,就像电脑的内存塞满了处理命令,会导致运行缓慢或死机一样。原本,专心致志地背一天单词,你可以记住40个,你若非要戴上耳机,听着广播,那么注意力偶尔就会被广播分散,影响你背单词的效率。一天下来,你可能就只记住了25个,剩下的15个,自然又得拖到明天去做。

> 要解决这个问题,方法很简单,效率大师博恩·崔西有一个著名的论断:"一次做好一件事的人,比同时涉猎多个领域的人要好得多。"

一次只做一件事,是解决工作不断被迫中断而变得效率低下的良方。如果你经常在工作中把自己搞得疲惫不堪,那么很有可能是没有掌握这个简单的方法。试着让大脑一次只想一件事,清除一切分散注意力、产生压力的想法,让思维完全进入当前的工作状态,就不会因为事务繁杂、理不出头绪而顾此失彼了。

做事就像拉抽屉,一次只拉开一个,圆满地完成抽屉内的工作,再把抽屉推回去。不要总想着把所有的抽屉都拉开,那样会把一切都搞得混乱,让自己精疲力尽,却得不到好结果。试试看吧!你会有不一样的收获。

超简单的番茄工作法，你用对了吗

◎ 番茄工作法

> 选择一个待完成的任务，将番茄时间设为25分钟，专注工作，中途不允许做任何与该任务无关的事，直到番茄时钟响起，然后短暂休息一下，再开始下一个番茄。

弗朗西斯科·西里洛创立的番茄工作法，是世界上最著名的工作方法之一。

> 番茄工作法简单易行：选择一个待完成的任务，将番茄时间设置为25分钟，专注工作，中途不允许做除了工作以外的其他任何事情，直到时钟响起，然后在纸上画一个★表示休息5分钟，如此重复四次可以多休息一会儿。如果中途不得已被打断，则需要重新开始计时。

番茄工作法之所以能发挥出"神奇的魔力"，与人体的运行机制有关。当我们开始做一件事情的时候，注意力呈倒U形曲线状，等到过了最集中的那个点，注意力就很容易被外在因素分散，此时就需要有片刻的中断，然后开启一段新的努力，第25分钟就是那个最合适的时间点。

正确使用番茄工作法，可以有效提升注意力，实现劳逸结合；减轻焦虑的情绪，强化可以完成任务的信心；同时有助于改善任务流程，减少干扰因素。因为番茄工作法有一项机制：当任务不得已被打断时，应终止计时，重新开始一段番茄时间。25分钟本就是一个不算长的时间，多数人都是愿意屏蔽周围一切专心致力于工作的。

由于番茄工作法很简单，许多人觉得根本不需要学习，直接下载一个番茄App就开始使用了。结果他们发现，自己不仅没有实现传说中的高效，反而更加心猿意马了。

小K在微信公众号上看到了一篇文章，里面介绍了番茄工作法。她觉得这方法真是太简单了，就开始尝试使用。然而，她的使用体验并不太好。在使用番茄工作法后，小K脑子里总是只惦记一件事："到时间了没有？还剩下多久？"有时，刚刚进入沉浸状态，番茄闹铃就响了，本来指望它帮自己提升专注力，不承想却变成了破坏专注力的罪魁祸首。

到底是番茄工作法的效用被夸大了，还是小K没有掌握使用要领呢？

番茄工作法，听起来简单至极，但真想让它在实践中发挥出应有的效用，还是需要掌握一些技巧。结合下面的几点精要，对照一下你平时使用番茄闹钟的方式，相信你会有所收获。

· 1. 尽量使用机械番茄闹钟

不少人认为，番茄闹钟的作用就是定时，用手机定时或App最方便，大不了将手机锁住，避免自己刷手机娱乐。我想说的是，这种方式并不理想。

> 干扰分为内部干扰与外部干扰两种，内部干扰就是直觉向你发出信号，让你去做另一件事，只要产生了这一念头，专注状态就会被打断。

手机放在眼前就是一个触发习惯的提示，看到它，就会想拿起它，打开它。经过长期的重复，使用手机早就成了一种强大且顽固的习惯，要抵抗这种习惯，需要消耗大量的意志力。意志力是有限的资源，一旦被过分消耗，能用在工作上的就少之又少了。动用意志力去抵抗拿起手机的欲望，很容易打断专注状态，用机械番茄闹钟可以很好地避免这一问题。

· 2. 建设性地处理好中断问题

番茄工作法要求，在一个番茄闹钟内，专注于一项任务，不允许切换任务，也不允许中途停下来休息。这是最为理想的状态，但现实往往是一个番茄闹钟尚未结束，突然有电话打来，或是临时有文件需要打印或传送，只能被迫中断。这样的情形，很容易让人产生挫败感和沮丧感，使人最后放弃使用番茄闹钟。

面对中断的问题，要做好三件事：接纳、记录、继续。

> 接纳，就是正确认识中断的情况，这是再正常不过的现象，不是意志力薄弱，更不是失败。记录，就是把中断的次数和原因记录下来，为后续的复盘提供参考。继续，就是把手上正在处理的任务进行下去，避免因情绪问题真的被打断。

· 3. 辅以规律且高效的短休息

番茄工作法要求，专注工作一个25分钟的番茄钟之后，休息3~5分钟；完成四个番茄钟之后，休息15~30分钟。很多时候，我们容易陷入两个误区。

误区1：感觉精力还很好，就直接跳过休息，等很累了再停下来。

大脑只能保持25~45分钟的专注，它的疲劳不像身体的疲劳那么容易觉察，要在没有感到明显疲惫的时候休息，才能让精力保持在较为充沛的状态。

误区2：利用工作间隙时间，用玩手机的方式休息。

手机容易把我们推向信息旋涡，看似逃开了工作压力，但大脑并没有得到真正的休息。哪怕只是阅读、倾听和观看娱乐信息，大脑也在进行解读和无意识的思考。

我们一定要遵守番茄闹钟的休息规则，并且选择恰当的休息方式：3~5分钟的短休息时间，可以站起来活动一下、看看窗外、喝点水；15~30分钟的阶段性休息时间，可以闭目放松。总之，卓有成效的休息，是番茄工作法起效的一个重要因素。

· 4. 重视整体的计划与复盘

番茄工作法专注于当下，但每一个番茄闹钟不能是孤立的存在，要重视整体的计划和复盘。复盘的主要内容有：当日的番茄日流量是多少？花费番茄数最多的任务是什么？平均每个番茄闹钟中断的次数是几次？中断的原因有哪些？结合这些数据，可以预估某项任务需要花费的番茄闹钟数量，以及对工作安排进行优化和改进，有效地减少中断次数。

最后要说明的是，番茄工作法中提到的时间长度设置并非固定不变的，25分钟只是一个建议时间，你可以根据自己的工作习惯和体能状况调整。

就算手机放进口袋，也会剥夺注意力

◎ 多巴胺的功能

> 多巴胺在大脑的奖赏系统中发挥着至关重要的作用，它最重要的功能并不是让心情感到愉快，而是赋予我们做事的动力，让我们选择究竟把精力放置在什么地方。

人在东张西望、注意力分散的时候，经常会感到心情愉悦，刷手机就是最典型的例子。手机在剥夺我们的注意力方面有着极其强大的力量，让人很难摆脱，许多人的低效率和拖延也跟手机脱离不了关系。可能有人觉得，把手机调成静音模式，装进衣服的口袋里，是不是就能少受一些干扰呢？不，情况并没有那么简单！

曾有专家对500名大学生的记忆力和注意力进行测试，结果发现，相比把手机调成静音状态放进口袋的一组学生，那些把手机放置在实验室外面的一组学生获得的测试结果更好。很明显,虽然人们可能意识不到,但只要把手机放在身边,只要想到自己身上带着手机,注意力就会被分散!这一研究报告的题目叫作"智力流失:光是意识到手机的存在,就能让你的有效认知能力下降"。

以微信为例,它有效地提升了沟通效率,缩短了沟通成本,无论何时何地在做什么,我们都可以拿着手机发微信,鸡毛蒜皮的小事儿也可以随时分享。这种无拘无束的畅快感,让许多人对微信产生了强烈的依赖,但它也在无形中偷走了大量宝贵的时间。联系人繁多、消息过密的时候,还可能让我们错过真正重要的消息。

再说社会性新闻,不少人有过这样的体验:不看新闻的时候,倒觉得生活还挺平静;一旦开始频刷网页,望着一连串扎眼的新闻标题,焦虑指数就止不住地往上涨:"男子将自己的妻子关在地下室20年,原因何在""用这个方法减肥,一周瘦7斤""××国家一载有数百人的客轮沉没"……有些事件是真实发生的,有些是博人眼球的噱头,无论是哪一种,都在争夺着用户的注意力。特别是那些负面的社会新闻,每多看一则,就多消耗一份精力,有时还会带来严重的情绪波动。

清楚地记得,我在看到"30岁青年身患癌症不舍离世,只因内心放不下年幼的孩子"的新闻后,瞬间就产生了一种无力感，脑子里反复地冒出一句话：谁也不知道明天和意外哪一个先来，万一明天不幸降临到我身上，那今天追求的一切是不是都丧失了意义？

我的思绪陷入一阵混乱中，后来因为一则工作电话，让我被迫中断了对这则新闻的反刍。慢慢地，这件事就被我淡忘了，那种无力感、对生活和奋斗的质疑，也逐渐消散了。我的生活又回归了往日的轨道，又能体会到那些细碎的美好。

现在想想，这件事真的是一个启示：网页上的那些社会新闻，各种奇闻怪事，跟我们有关系吗？事实上，90%都是无关的！我们有必要知道那些事情吗？就算知道了，又能怎样呢？

在信息爆炸的时代，新闻报道者为了博人眼球，有时会刻意起一些有冲击力的标题，报道一些不好的、灾难性的事件。仔细想想，灾难是现在才有的吗？在人类尚未出现之际，自然灾难就已经存在，而在过去的历史长河中，灾难也从未远离。只不过，那时候没有发达的网络，我们不得而知罢了。

千百年前，没有手机，人们也能快乐地生活；没有网络，牛顿也发现了地球引力，雨果也写出了《巴黎圣母院》，火车和汽车也诞生在了这个世界上。在有了智能手机与网络之后，我们的思想超越了时光与地域的界限，把二维世界一下子提到了三维或四维。但无论如何，网络没有生命，只是由虚拟的声光信号构成的；没有了人的思想与操控，它就没有任何意义。

为了掌控情绪，提升注意力，尽可能减少手机和网络带来的负面影响，我们有必要适时地告别手机，杜绝对网络的沉迷与依赖。这里有一些小小的建议和忠告，希望能帮助你成为手机和网络的主人，而不是轻易沦为它们的俘虏。

（1）检测每天使用手机的时长，清晰地看到手机"偷"走了多少时间，视觉化的客观呈现远比主观感受更有冲击力和说服力。

（2）每天关机1~2小时，彻底告别手机与网络，并将这一选择告诉身边人，避免因为没有及时回复消息而产生误会。

（3）将手机背景设置成黑白色，减少多巴胺的分泌，降低想要滑动手机的欲望。

（4）开车时将手机调成静音模式，避免短信或电话在关键时刻夺走注意力，减少事故发生的概率。

（5）处理工作问题时，将手机放置在其他地方，远离手边。

（6）规定一个专门的时间处理手机消息，如每工作1小时，用2~3分钟处理重要信息。

（7）和朋友、家人相处时，把手机调成静音，放置在稍远的地方，将注意力集中在对方身上，收获高质量的相处。

（8）减少对着电子屏幕的时间，为孩子作出榜样。

（9）睡前1小时关掉手机、平板电脑，或让其远离卧室。若需要早起，可用闹铃叫醒。